U0093935

用寫的就能賣

你也會寫打動人心的**超強銷售文案**

中文世界首位銷售文案專業教練 **許耀仁** ◎著

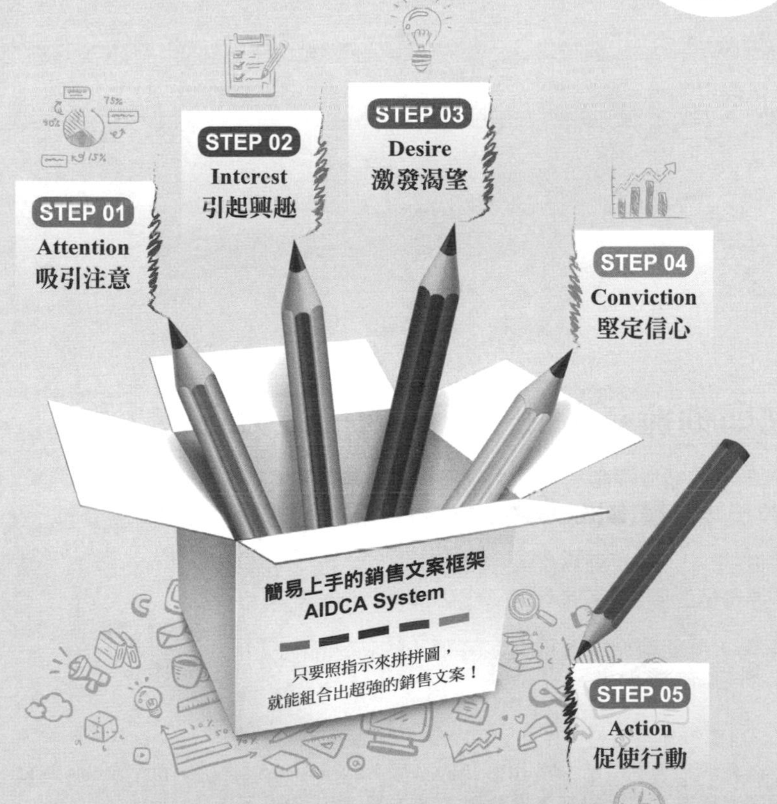

★前言★

"我早已達到完全的財務自由。如果你要一個我成功的核心關鍵，那就是我會寫銷售文案——我將文字透過廣告、銷售信或其他媒體，就能把東西賣出去。"

——行銷教父 丹·甘迺迪（Dan Kennedy）

我恨透了那種感覺。

那時我24歲，讀了《富爸爸·窮爸爸》，被裡面提到的「財務自由」觀念深深地吸引，因此開始尋找各種所謂創造「被動收入」的管道……

最後，我投入了傳銷業。

這可說是我人生中第一次正式需要做和「銷售」有關的事情。

在那之前我是個自由譯者。我的工作很單純：配合的公司把要翻譯的稿子發給我，我在期限內把東西翻譯好、交回去、然後領錢。

基本上，跟銷售沒什麼太大的關係。

我的上線跟我說，傳銷事業要成功，就是要「簡單的事情重複做」；而這裡要重複做的「簡單事情」之一，就是列名單、邀約、講OPP。而理論上來說，只要你願意這樣做，應該很快就可以享受到所謂的「複製倍增」所帶來的「非凡自由」才對。

不過很奇怪，我當時碰到的狀況，常常都是奮力地照著上線教的方式，講了一次自己和下線都覺得挺讚的OPP，結果最後還是被約來的人打槍。碰到這種情況時，我心裡真實的OS經常是：「你他X的沒興趣早點講嘛！浪費我時間！」

我不知道你覺得怎麼樣，但是當時的我可真是「恨～～透～～～了～～～～那種感覺」——因為這種事情有很大一部分不是操之在我，那種明明自己手上的東西確實能給對方帶來很大的幫助，但怎麼變成當對方接受了你要給他的東西，就像是給了你一個很大的恩惠一樣——的討厭感受。

傳銷嘛，團隊總是三不五時就會安排激勵課程，而各種不同門派的老師們也總是使盡渾身解數要讓我們接受銷售、喜歡銷售，乃至於愛上銷售。另一方面，也會用像是「收集足夠多次拒絕，你就會成功！」之類的話，來激勵我們不被「三不五時被打槍」的事情打倒。

那些東西聽起來蠻有道理的，不過我從來都沒有真正地聽進去，因為我總是在想：

「應該有更聰明的方式可以做到這件事。」我想在當時，應該有會有很多人把我歸到「沒有成功特質」的那一類人吧。

有句話說學生準備好了，老師就會出現，或者用新時代的語言來說——你的注意力在哪裡，能量就流到哪裡。也許是這股力量的作用，不久之後，我吸引到一個契機。在那個契機之下，我知道、並且開始認真學習撰寫「銷售文案」。

寫到這裡，我要先換個檔、喘口氣，和你談個概念：

我想，想要在事業／財務上獲得更大成功的你，肯定已經透過各種不同的書籍和課程，從很多老師們的嘴裡聽到「銷售很重要」的這個觀念。

就像我的師父曾說過的：「除非有東西被賣出去，否則什麼事情都不會發生。」

不管你的產品（服務）有多好、不管你提供手上的那些超讚產品（服務）給對方的過程有多貼心、不管你認為人們用了你的產品（服務）之後，他的人生會變得多美好……

（當然，還有你自己的人生會因此變得多美好。）

然而殘酷的事實是，如果你沒能把東西賣出去，那麼後面的這一切都不會發生，而你的事業能撐多久，就得看你能搞到多少資金來燒了。

在繼續聊下去之前，我要先假設：

1. 你已經領悟到他們說的完全沒有錯。
2. 你已經透過某些方式在學習如何能把「銷售」這件事做得更好。

去說服你「銷售很重要」，並不是我這裡要做的事情，我要提供給你的是，一個能幫助你更有效且更有效率地做好銷售這件事，讓你的事業彷彿從地獄到天堂一般的工具。

所以，如果你還不肯接受「銷售是事業成功的第一要件」這個事實，那你就得自己在這部分下功夫了；不過如果你已經完全能接受，那我們就可以繼續聊下去。

銷售的方式很多，不過基本上可以分成兩大種：

第一種，是透過「人」來進行。

第二種，是透過「媒體」來完成。

多數的產業一直以來都是透過第一種方式，透過人與人的直接接觸來進行產品或服務的銷售，卻從來沒有想過也許會有其他做法存在。傳銷也是其中之一。

不過，因為前面提到的那個「契機」，我才知道原來其實也可以透過第二種方式——也就是透過「媒體」來做到同樣的事情

（甚至能做得更有效率）。

這裡說的「媒體」是指可以承載資訊的任何東西，例如說報紙、雜誌、信件、傳單……等等。而要用媒體來有效且有效率地做好銷售工作，最核心的要點就是「銷售文案」。

「銷售文案」不同於一般的常見文案，它的目的只有一個——把東西賣出去。

不是被人家稱讚：「這篇文案寫得真好」。

也不是得廣告文案大獎。

而是把東西賣出去。

當你擁有一篇好的銷售文案時，就能讓你更輕鬆地把你的產品（服務）銷售出去。

我憑什麼這麼說？因為事實上這就是我的第一篇銷售文案所帶給我的好處。

我自己跟銷售文案的第一次親密接觸，算起來應該是在2002年或2003年吧。當時，我從美國引進了一套全網路運作的直銷事業經營系統，那時是我第一次聽到「網路行銷」（Internet Marketing）這個名詞。

在我花了三、四個月的時間研究那套系統，並且將它實現在中文世界裡的過程當中，我開始進入了網路行銷的世界。

回想起來，那時候的網路環境和現在比起來，可真是天差地別。那時候的寬頻普及率還沒有那麼高，很多家庭不是還沒有申請網路，就是還在使用撥接網路。那時候的「上網」這件事也沒有像現在這樣的理所當然，甚至對很多人來說，不用出門、上網就能聽說明會或者參加訓練課程，並不是一件很便利的事，反而是一種麻煩……

扯遠了。總之因為當時事業上的需要，我才開始接觸網路行銷；而身為電腦宅宅一族，當我想要了解什麼新東西時，最主要的資訊來源，當然也就是搜尋引擎了。

於是我開始上網搜尋與「網路行銷」相關的關鍵字，發現當時中文世界裡的相關資訊少之又少，並且都以理論居多，在實務上的操作方針與案例卻是付之闕如。因此，我開始往英文世界找，並搜尋與「Internet Marketing」相關的關鍵字。

這麼一找，竟讓我找到了一個新天地。

直到那時我才知道，當「網路行銷」在台灣還停留在鮮為人知、少人談論的階段時，在國外它早就是一個蓬勃發展且百花齊放的產業了。

找著找著，我點進了一個提供網路行銷培訓教材的公司網頁，也第一次體驗到「銷售文案」這種行銷工具的威力。

當時，我看到的是已故的網路行銷傳奇Corey Rudl的一套網路行銷自修課程的文案。

我先是簡單瀏覽了一次，雖然當下就有被吸引到的感覺，但心裡還是產生了許多疑慮讓我沒有第一時間就做出決定，例如說，「要線上刷卡耶，會不會被騙？」、「不便宜耶，要是課程沒有像他說得這麼好怎麼辦？」、「這個在美國可能真的有用，但是在台灣呢？」等諸如此類的疑問。

雖然我當下沒有第一時間就刷卡下去，但我也沒有關掉網頁之後就忘了這回事。

之後的幾天，我三不五時就會再點進去那個文案網頁裡，將內容一字一句地仔細看清楚。然後，彷彿這樣也看不夠似的，我還把網頁印了出來（印象中印出來好像有二、三十張的A4紙這麼多），等到一有空就會把它拿出來看。

後來，我突然意識到一件事──「我被這篇文案吸引住，還去這個網站看了好幾次，甚至還印出來猛看，這不就是印證這套東西有效的最好證明了嗎？」

最後我做了決定，把這套課程買回來，就開始了我的網路行銷研習之路。

那真的是一套很棒的入門課程，雖然以當時臺灣的網路環境而言，有很多技巧尚不能適用，但也幫我建立起「網路行銷」這門學問的清楚輪廓與明確方向。而裡面所教導的各種網路行銷成功要素當中，最讓我有共鳴、最想深入學習的，就是「銷售文案撰寫」這個主題。

我開始仔細地、一次又一次地研讀課程中的文案寫作部分，並繼續在網路上搜尋更多關於銷售文案寫作的資訊，希望能儘快掌握到寫銷售文案的訣竅，以強化我當時引進的那套經營系統的效果。

不久之後，我就照著學到的心法與架構，試著為當時我經營的傳銷事業寫了我人生中的第一篇銷售文案。

說實在話，要是現在拿當時的那篇文案來評分，我大概只會給它50分。不過，我就傻傻地寫了，而且大膽地把它放到我的網站上面，然後就發生了讓我至今仍然記憶猶新的事情……

我把銷售文案放上去之後沒幾天，我和一位死黨約了要去打擊練習場，練習揮棒來運動運動一下。然而就在車子剛開到練習場的門口時，我的電話就響了。

是一位住在花蓮的女士打來的電話，對話的內容大概是這樣：

她：「我在網站上看到你寫的OOO事業的文章，那個要怎麼加入啊？」

我：「呃……妳有沒有什麼問題想問的？」

她：「沒有咧～裡面寫得很清楚了，啊再來是要怎麼加入啊？」

我：「呃……妳確定沒有想問的問題嗎？」

就這樣，我多了一個下線。

在那之後，我透過那篇文案夯不啷當又吸引了十來個人，再加上放到團隊夥伴們的網站系統上之後……那篇「50分」的文案，最後產生了多少產值實在是算不清楚……不過它著實是讓當時才二十五、六歲的我，過了好幾年的爽日子。

即使後來我因故離開了傳銷界，寫銷售文案的能力還是持續在幫我賺錢，例如：

- 我從2007年進入教育培訓界，到現在已經累計賺進8位數的收入，而當中的絕大部分都是由銷售文案產生的。
- 我在為自譯自印的《失落的世紀致富經典》所寫的文案，後來成為出版社願意和我簽版稅約的原因之一（封面封底的大部分文字都來自於我的文案），而《失落的致富經典》這本書已為我帶來7位數的收入。
- 我為我製作的《財富金鑰系統》24週自修課程所撰寫的文案，在完成之後就等於它24小時、全年無休地在幫我替點擊進去看的人介紹課程，這也已經為我帶來7位數的收入，並且還在持續地為我帶來被動收入當中。
- 我為《財富原動力》所撰寫的文案，除了讓上千人在做了測驗之後、創造出數百萬營業額之外，也因為這樣的成績，讓我成為羅傑·漢彌頓的全球中文總代理。

基本上，現在不管我要銷售任何東西，第一個動作都是幫它寫一篇文案，再將文案透過e-mail、網站或者其他方式公布出去。然後，我就只要準備好收單，服務那些主動表示他想要我所提供的東西的人就好了。

而好消息是：你也可以做得到！

> “任何人都可以做得到。我只有高中學歷，我的天賦跟技能也都很一般，不過我現在是世界上收費最高的文案寫手之一。”
>
> ——行銷教父　丹·甘迺迪（Dan Kennedy）

（當然，前提是你要足夠想要，如果你很愛當面被打槍的那種感覺的話，當我沒說）

像我，從小到大的作文沒拿過幾次高分，也不是什麼高等大學畢業的，如果我都學得會，那你一定也可以。

很多人會認為寫廣告文案是一種高度的創意工作，必須要很有*那種*天分的人才能寫得好，這是一種誤解。

當然，如果你的目標是要得廣告比賽大獎的話，也許真的需要夠強的創意能力，但如果你想寫的是能讓目標顧客和你買東西，讓你能賺到錢……之類的銷售文案的話，那麼其實你不需要太多的創意，因為……

寫銷售文案是一門科學，它是有著原理和公式可以依循的。

只要你知道這些原理和公式，寫出來的東西就會產生一種魔力，可以讓你的理想客戶們讀一讀就忍不住想買你的東西。

「那這種文案到底是要怎麼寫啊？」這也許是你現在最想知道的事。

寫銷售文案雖然不難，但事實上也沒那麼簡單（如果你想找的是那種「不必這樣，也不必那樣，就可以如何如何」的神奇仙丹，那麼抱歉要讓你失望了），因為其中有很多的內在心法與外在技術必須要注意。

而在這本書裡，我將會與你分享這些要點。

如果你的事業現在正在掙扎，然後你來找我給你一點建議的話，我絕對會跟你說：「除非有東西被賣出去，否則什麼事情都不會發生。」

你得先把「銷售」這件事情搞定才行。

而要把「銷售」這件事搞定，最好的方式就是趕快學會如何撰寫銷售文案，或至少找到有本事的人幫你架起你的銷售文案們，讓銷售文案們能透過各種媒體來幫你24小時全年無休的賣東西。

然而現在的問題是——你什麼時候才要開始？

大部分的人都會說：「等我有空的時候」、「等我有錢的時候」。

關於這一點，來看看行銷教父丹．甘迺迪說的這段話：

「關於『致富』、『過更有錢的生活』這件事……幾乎每個人都只是嘴上講講、心裡想想而已。

他們的確很想要這些東西，想要的程度強烈到會讓他們對那些擁有這些東西的人心懷怨恨，但同時想要的程度卻又不足以讓他們去認真『研究』到底如何才能得到。

下一次如果有人跟你哀嚎說他想要更多的錢、更大的房子，或者在抱怨健保費、油價又要漲之類的事情時，你就問他……『《思考致富聖經》你讀過幾次？』問他家裡有沒有滿是關於賺錢、財富的書籍？我可以保證，就像Jim Rohn常說的一樣：『他們家裡會有一台大大的電視，但是卻只有小小的書架』。

每個人的身邊都有很多可以讓他學習『如何成功』的對象。幾乎每個家庭裡都會有一個在賺錢能力上表現最好的人；每個銷售團隊裡都有業績最好的一個人；每個產業或專業都有最厲害的人。

所以，這裡有兩個訣竅：

第一，不要認為成功人士做的任何一件事情與他的成功無關。你要假設他的成功就是你所能觀察到的、他做的每一件事情所帶來的結果。

第二，丟掉那些羨慕、嫉妒、不認同等等的信念系統，開始仿效成功人士所做的每一件事情。去『研究』他們。

Earl Nightingale曾說：『我們會成為我們最常想的那個樣子』，其實這樣說會更貼切，『我們會成為我們最常研究的那個樣子』。」

那你呢？

你打算何時跳脫「嘴上講講、心裡想想」的階段，開始「研究」銷售文案這一門對你的未來成功有關鍵性影響的技術？

我相信，世界上再沒有比「現在」更好的開始時機了。

★作者序★

學習銷售文案能為你帶來什麼好處？

「對一個生意而言，在有東西被賣出去之前，什麼事情都不會發生。」

——IBM第1任CEO 托馬斯・華生（Thomas J. Watson）

這整本書談論的主題都是「銷售文案」，銷售文案是「直效行銷」（Direct-Response Marketing）這種行銷方式的核心工具，它和一般報章雜誌上常見的廣告文案有很多不一樣的地方，其中一個主要的差別在於銷售文案只有一個目的，那就是「把東西賣出去」。

銷售文案的目的不是要得獎、不是要讓人家覺得你文筆好，寫得很有意境、很有想像空間……不是這些。一篇銷售文案寫得好不好、有沒有效，只有一個衡量的標準，那就是「有沒有把東西賣出去」。

在前言中有提到，我自己的第一個銷售相關的工作經驗是在組織行銷界。在當時我所在的公司與團隊都會安排一些銷售訓練，在裡面常會教育我們像是「蒐集足夠多次拒絕，你就會成功。」之類的觀念；又或者是會安排一些激勵課程，透過激勵的方式讓你願意每天起床去面對那些可以預期的拒絕。

這樣的哲學與做法當然也沒錯，不過在這之外，如果你還懂得對你的銷售能力做槓桿借力，運用像銷售文案這樣的工具來做篩選或者倍增你的影響力的話，就可以大幅減少浪費在跟錯誤的對象解說、被錯誤的對象拒絕的時間。

「關於銷售這件事，誰找誰很重要。」

這是直效行銷教父丹·甘迺迪給我的最大的影響之一。

想像一下我們都有過的共通經驗——「看醫生」吧。假設你今天突然覺得心臟不太舒服，你查詢了一下，然後去找了一個心臟科名醫掛號，在問診之後，醫生跟你說你需要馬上住院，儘快開刀，這時你會和他討價還價嗎？

絕大多數人都不會。

反過來說，如果你在逛街的時候，有個人來跟你搭訕，他告訴你說他是心臟科的權威，而且現在到他的醫院或診所看診的話有折扣，並邀請你去做個心臟檢查……之類的話，你又會怎麼反應？

這就是「誰找誰」的差別。如果你懂得正確使用銷售文案，就可以做到讓理想客戶們自己來找你，而你不再需要追著他們跑。

一篇好的銷售文案會把那些你的理想客戶會問的、對於他們是否會購買你的產品（服務）有決定性影響力的問題都寫出來。而這也表示只要能讓對的族群讀到你的銷售文案，那麼他們絕大部分的問題都可以在這一個過程中解決掉。

所以，不管你是銷售相關的從業人員還是企業主，當你的事業有了這種強效工具來支援時，都能得到很多好處。

如果你是從事銷售相關工作的朋友，那麼當你擁有撰寫銷售文案的能力時，能得到的好處包括：

✔ 不必跑業務跑得要死，還要常常被拒絕。

✔ 不必一天到晚重複回答同樣的問題。

- ✓ 讓客戶自己來找你，而不再是你追著客戶跑。
- ✓ 大幅減少你花在開發與跟進客戶上的時間。
- ✓ 讓你只需要和對你的產品（服務）有興趣、甚至早就已經決定要買你的東西的人談話，從此不再需要推銷或說服。

在後面的章節當中，你將會逐漸了解如何透過銷售文案來實際做到這件事。

如果你是企業主、或者未來有志於成為企業主的話，就要知道在企業成長的第一個階段，必須要專注的重點就是「找到夠多願意用你設定的價格，購買你的產品（服務）的客戶」，簡單來說就是銷售／行銷。即使不是你親自下去做，公司裡也一定要有人去做這些事情。因此，如果你是企業主，那麼銷售文案對你的好處是：

- ✓ 讓你等於擁有24小時全年無休的Super Sales。
- ✓ 為你的企業增加一項強大的行銷武器。
- ✓ 讓花在創造曝光或流量上的成本更有效率（提高轉換率）。
- ✓ 不會因為自己不懂而被寫手呼嚨。

一家公司如果能請到一個超級業務員，對公司的業績當然會有很大的幫助。

然而即使是超級業務員，也會有精神體力與時間上的限制，他可能會累、會想要休假、會生病……另一方面，如果他的表現真的非常好，那麼過一段時間他可能會要求加薪或增加獎金等等，同時，你可能也需要擔心他被挖角的問題。

而一篇好的銷售文案就如同是一個超級業務員一樣——不過你不會需要煩惱上述那些問題。

另一個重點是，無論你用來傳遞行銷訊息的載體是什麼（例如報紙、雜誌、DM、名片、面紙包裝、明信片、扇子、手提袋、銷售信、公車、海報或其他），你的文案都會是決定廣告轉換率的核心，而當你能寫出高轉換率的文案時，自然就能為你投注在創造曝光或流量上的成本帶來更高的投資報酬率。

> 「我堅信每個創業家都需要學習怎麼寫文案，即使他們決定這輩子都不動手或者動筆寫下任何東西，那至少也要了解什麼樣才算是好的文案。」
>
> ——直效行銷策略顧問　比爾・格雷澤（Bill Glazer）

此外，要提醒的一點是：即使你沒有打算自己成為文案寫手，那麼至少也要知道什麼才是一篇好的銷售文案，原因有兩個：

第一，作為一個企業主，你應該會是（也應該要是）對你的產品（服務）最了解的人，所以事實上，世界上沒有任何人比你更適合、也更應該積極參與銷售文案這項銷售／行銷工具的創造過程。

第二，不管你未來要找誰來寫文案，不管是要在公司內部聘請人員來專門負責文案，或者是要把文案撰寫工作外包出去，當他們知道其實你懂銷售文案的門道時，自然也就不會用一些似是而非的藉口來呼嚨你了。

當然，反過來說，如果你的目標是要成為一個專業的銷售文案寫手，那麼透過上述的說明，你應該已經多少知道一篇好的銷售文案能為你的這兩個主要客戶群——中小企業主或銷售相關人員——帶來多大的益處。

這表示只要你願意投資時間來精煉銷售文案寫作的這門學問，它將反過頭來讓你從此不愁吃穿！

目錄
CONTENTS

Part 1 行前準備

Part 4 Bonus：影片行銷

Part 5 Bonus：品牌信任

Part 6 Bonus：網路行銷

* 附錄 銷售文案範例 I～V

Write to Sell

The Secret of Magnetic Copywriting

行前準備

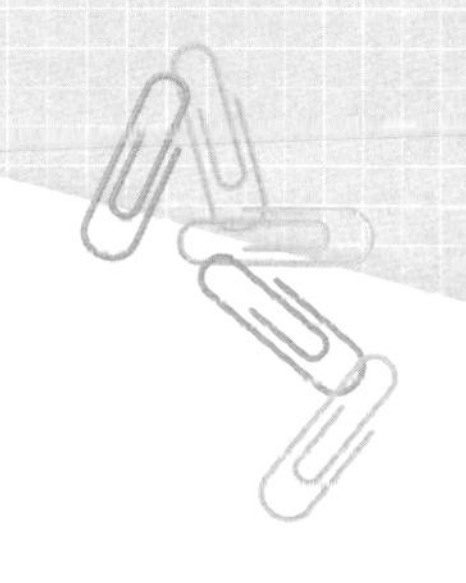

這些年來，三不五時都會有人問我這個問題：

「像這種文案，你是怎麼寫的？」

在之前我替自己的《磁力文案》工作坊寫的銷售文案裡，有這麼一段話：

「每次被這樣問的時候，我都很想回答說：『寫長文案啊～太簡單了！因為我是個文案天才，所以每次只要我坐下來打開電腦批哩啪啦地，就能生出一篇篇能自動賺錢的文案了。』」

要是能這樣說的話，應該挺過癮的……

只可惜，那並不是真的。

事實上是，我寫文案時有依循著一套固定的觀念、流程、架構與技巧——也就是一套完整的「系統」。只要你習得了這套系統，再搭配適當的練習，你也一樣可以寫出這樣的文案。

關於銷售文案，你需要知道的事……

Writing

1 銷售文案是你的文字推銷員

“廣告其實不過就是紙上的銷售員。”

——廣告大師　約翰．甘迺迪（John E. Kennedy）

銷售文案，其實就是用書面的形式來進行銷售人員在一對一銷售時會做的事。概念雖然簡單，但是即使多數人寫的文案能夠獲得許多讚揚、贏得一堆獎項，卻可能仍無法達成文案的基本使命，那就是——「把東西賣出去」。

另一方面，你可能也會發現，其實很多的業務人員長得並不特別帥、不特別美、口條不特別好、舉手投足之間也沒什麼特別之處，但是他的業績就是能做得嚇嚇叫。同理，一個人能否寫出強力的銷售文案，重點也不在於他的文筆有多好、腦袋裡有多少創意，而是在於他們是否能掌握並成功做到「銷售」這件事的基本道理。

在本書中，你將能培養自己——去學習如何用「文字」來達成那些超級業務用嘴巴說話才能做到的事……然後和他們獲得一樣驚人的成果。

2 內容說得越詳細，賣得越多

很多人對於銷售文案的反應都是「寫這麼長，究竟是誰會把它看完啊？」一般人多半會認為所謂的文案都應該要是「簡短」、「有意境」、「有漂亮口號」的，然而，據國內外經驗與統計都指出了一件事——**只要你寫的東西符合他們的想望，那麼不論你寫多長，他們都會讀！**

美國直效行銷界的傳奇約翰·卡爾頓（John Carlton），他就曾針對健身人士寫過一封長達23頁的銷售信（是的，是23頁喔～），內容是介紹一種營養補充品，而這種營養補充品能幫助健身的人在激烈的訓練之後，快速復原並縮短肌肉酸痛的時間，進而以最快的速度增長肌肉。

在23頁的銷售信當中，有滿滿的5頁是營養補充品的成分分析，有2頁是各種圖表，整封銷售信裡沒有放上任何照片，全是滿滿的文字。

也許你覺得自己沒有興趣或耐心去看這麼多的文字，但是健身人士可就不一樣了！他們會仔細地去閱讀每一字、每一句，因為裡面的每一篇文章都與他們的熱情（也就是健身）有關係。而此篇銷售文案也在往後的幾年之間為這家公司帶來了可觀的業績獲利。

這也是所有成功的銷售員都知道的道理，因為基本上只要你有過面對面的銷售經驗，就會知道只靠漂亮詞藻堆疊出來的廣告標語就想成交，是絕對不可能的事情。

而成功的銷售員都知道，要成交，就必須將自己想銷售的產品（服務）的所有好處，以一項項地連結到對方的需求與欲望的方式去呈現出來。除此之外，他還必須以清楚、誠實且可信的方式來解決對方的所有反對意見。

沒有人喜歡「被輕鬆成交」，因為人類的天性就不是這麼一回事。我們在購買的過程之中需要「被說服」，而這個過程並不是三言兩語就能打發的。

因此，在撰寫文案時，記得盡可能地將「所有」有助於理想客戶做出購買決定的資訊都寫出來。

3 文案需要多長，就寫多長

有些人誤以為文案就是要簡短有力，也有些人在看了某些案例之後，就會認為銷售文案一定就得要寫很長才行，雖然我自己的某些網路文案如果列印出來會長達12頁至16頁不等、雖然多半你看到的銷售文案的篇幅都不少，但這並不表示銷售文案就得一定要寫很長。

在撰寫銷售文案時，我們要抓住的核心概念是──**「為了達到此篇銷售文案的目的，因此文字需要多長，就寫多長」**。

如果是一張A4紙可以搞定的，就A4大小即可；如果是一張明信片可以搞定的，就明信片大小即可；而如果需要200頁的篇幅才能把你的產品（服務）說清楚講明白的話，那也別去吝惜你的文字。

4 和讀者當朋友，別當老師

在撰寫銷售文案時，你必須知道那些閱讀你的文案的人可能根本不認識你，而你會需要透過其中的文字來讓你的理想客戶接受你、喜歡你、信任你，最後願意接受你的建議、採取你所設定的行動。

因為成功的銷售員都知道，如果在銷售過程中不想引起不必要的抗拒時，就需要讓對方產生「我們是同一國」的感受；在撰寫文案時也是一樣，你的立場必須是讀者的朋友、你跟他是同一國的、你會站在他的立場設想、你會考量他的需求和狀況、你對於他的擔憂與恐懼有著同理心……等等。

因此在寫銷售文案時，千萬不要犯了「好為人師」的錯誤。

我在開設文案班的時候，經常看到有的學員平時說話幽默風趣、很好親近，但只要一寫起文案來，就彷彿化身為學生時代常見的那種不苟言笑的嚴肅老師一樣，經常自以為是地擺出「我是為你好」的態度，去告訴讀者該做什麼、怎麼做、否則的話就會如何又如何……出現許多諸如此類「以上對下」的筆法。

不曉得你的感受如何？但這種人總是會讓我想翻白眼。

多數人對於這樣的文章不會有太大的興趣，如果你的銷售文案讓人產生這樣的感覺，那麼不需要多久，他們就會將你的文案網頁關掉、將你的銷售信丟到一邊，去看其他更有趣的東西。

千萬記得，在撰寫銷售文案的時候，你的身分就是讀者的「好朋友」，要帶給他一個能解決他的困擾，或者實現他的願望的好消息，而不是他的「老師」，試圖要教導或指揮他接下來該怎麼做。

5 像兩個人對話的文體

這是撰寫銷售文案時，在文字運用上的一個很重要的概念。

基本上，就是「你（或代寫文案的人）平常怎麼說話，就怎麼寫」，因為好的銷售文案讀起來會像是在和讀者交談一樣。

相較於一般廣告文宣上的那種「四平八穩」、「平淡無味」、或者充滿著「想賣弄文學素養」、「過度雕琢」的文字，這種像是兩個人對話般的白話寫法才是最能夠讓讀者投入到你的文案中的方式。

好消息是，要做到這一點並不困難，因為它並不像是要寫出好的散文、小說、或者詩詞那樣，需要經過不少訓練才能做到。事實上，只要你知道如何在吃飯或聚會的時候，主導出一場互動多、氣氛熱烈的高參與度對話，那麼就已經具備了寫出這種「對話式文體」的基本要件。

在撰寫銷售文案時，一個相當有效的方法是想像你與你的讀者——也就是想像和你的「理想顧客」一起坐在咖啡廳裡，然後將你會跟他說的那些話，用文字記錄下來。

6 先求有文案，再求好文案

你平時常接收到的資訊，例如路上拿到的廣告DM、在網路上看到的銷售文案頁面，這些都可能會讓你覺得——「哇，要寫到那樣，我要寫到什麼時候？」

然而你要記得的是，每個人都有剛起步的時候，即使是現在最TOP的文案寫手也都曾經是個菜鳥。以我來說，每當我回頭去看當年所寫的第一篇文案時，都會覺得自己寫得很差，因為文字用詞既生硬、也沒有什麼感情。

但就像我在前言裡所提到的，即便是現在看起來只有50分的文案，它在當年還是產生了非常好的效果。所以，請記得在這個階段要「先求有，再求好」。

在本書中，我會提供你撰寫銷售文案時所需的所有「觀念」、「工具」和「架構」，而你現階段的目標就是——在最短時間內，寫出你的第一篇銷售文案。

當你看到第一篇文案為你帶來的成果時，那將能成為最激勵你繼續精進文案能力的力量！

14個問題，讓你備齊殺手級銷售文案所需的各種原料！

Writing

不曉得在此之前，當你想到「寫銷售文案」這件事時，你的腦海裡會浮現什麼畫面？

這些年來，三不五時都會有人問我這個問題：

「像這種文案，你是怎麼寫的？」

在之前我替自己的《磁力文案》工作坊寫的銷售文案裡，有這麼一段話：

「每次被這樣問的時候，我都很想回答說：『寫長文案啊～太簡單了！因為我是個文案天才，所以每次只要我坐下來打開電腦批哩啪啦地，就能生出一篇篇能自動賺錢的文案了。』」

要是能這樣說的話，應該挺過癮的……

只可惜，那並不是真的。

事實上是，我寫文案時有依循著一套固定的觀念、流程、架構與技巧——也就是一套完整的「系統」。只要你習得了這套系統，再搭配適當的練習，你也一樣可以寫出這樣的文案。

很多人都會認為，要寫出殺手級的銷售文案需要某種「天分」才能做到，不過這並不是絕對的。地球上的人口那麼多，不論在哪一種領域，總會出現一兩個天才，然而其實有更多的技能都是只要有心就能培養出來的，「銷售文案」也不例外。

至少我自己就不是那種完全不必做任何準備，只要坐下來打開電腦，把手放在鍵盤上，就能自動地接收到來自宇宙的強大靈感，然後寫出一篇篇殺手文案的天才型人物。

事實上，我在撰寫文案的時候，花在「寫」這個階段的時間只占了一小部分而已（大約40%以下），那麼我的其他60%時間都在做什麼呢？

當我在寫銷售文案時，其實有點像是在拼拼圖——你會試著將一片片的圖塊拼成一幅完整的畫作，差別只是在於你不是一開始就知道拼圖完成之後會是什麼樣子，而是在拼圖的過程中逐步浮現它最終的樣貌。

如果說用來撰寫銷售文案的40%時間其實是在「拼圖」，那麼其他的60%時間就是在「收集原料」，以建構出一片片的圖塊了。

依據我個人撰寫與教授銷售文案這麼多年的經驗，對多數人來說，這個「建構圖塊」的過程並不那麼讓人興奮，甚至很多人都會有想要跳過它、直接開始動手寫文案的想法。

因此我發現到一個共通現象是：當你越是不願意投資時間在這個階段上，那麼實際在撰寫銷售文案時碰到所謂的「寫作障礙」——也就是兩眼盯著電腦螢幕或稿紙，卻一個字也生不出來的機率就越高；反過來說，你越願意投注越多的時間與心力在準備階段上，那麼後續當你實際在撰寫文案時，過程也會更加地流暢。

有句話這麼說：「問對的問題，就能帶來對的答案」。

在過去的實戰與教學經驗當中，我發現要協助學員與自己去掌握「建構圖塊」的最佳方式就是：「問問題」。因為透過好的問題可以引導思想，讓自己在撰寫文案的準備階段時，就能專注在思考「對的問題」與蒐集「對的資訊」。

因此，我整理出以下14個在開始撰寫銷售文案前，你應該先思考、回答、或者是蒐集資料的問題方向。除了提問之外，我也將針對每一個問題補充相關的重要概念，協助你在此階段能做到「知其然，也知其所以然」。

在第一次閱讀本書時，請盡可能地消化與吸收這些觀念，在你完全掌握這些能寫出殺手級銷售文案的心法之後，日後若要撰寫任何的銷售文案時，就只需要一一回答問題，並將答案整理出來，就能建構出一堆現成的素材（拼圖的圖塊）供你使用。

等我談到本書的Part2時，我將會給你其他的「好問題」來協助你快速「拼圖」，以完成你的銷售文案大作。

準備好了嗎？開始囉～～

Q1：你的銷售文案要達成的目標是什麼？

“對一個生意而言，在有東西被賣出去之前，什麼事情都不會發生。”

——IBM第1任CEO　湯瑪士・華生（Thomas J. Watson）

一篇成功的銷售文案會有明確的目標。

也就是在開始動筆寫之前，你得先想清楚在理想狀態下，你希望你的理想客戶群在看到這篇文案之後會做出什麼決定或產生什麼結果？

本書談論的主題是「銷售文案」，而銷售文案是「直效行銷」（Direct-Response Marketing）這種行銷方式的核心工具，它和一般報章雜誌上常見的廣告文案有許多不同的地方，其中一個最主要的差別就在於——**銷售文案通常只有一個目的，那就是**

「把東西賣出去」。

寫銷售文案的目的不是要得獎、不是要讓別人覺得你的文筆很好、寫得很有意境、寫得很有想像空間……這些都不是我們的目的。因為通常要判別一篇銷售文案寫得到底好不好、能不能發揮效果，只有一個衡量的標準，那就是——「有沒有把東西賣出去」。

不過這邊提的「把東西賣出去」，狹義上來說，是表示將你的產品（服務）賣給你所設定的族群；廣義上來說，也可能是影響讀者，讓他們：

- ☑ 來電洽詢，以索取更多資訊。
- ☑ 留下聯絡資訊，讓你與他做進一步的聯繫。
- ☑ 產生某種觀念上的轉換。
- ☑ 在心中建立或強化某種形象。
- ☑ 或者其他你希望能達到的成果。

許多銷售文案新手都會犯的錯誤就是：「他們試圖在一篇文章裡達成太多目的。」他們既想把產品（服務）賣出去，又想建立品牌形象，同時也想達到其他目標。

但是我常說的是：「當你想要什麼都是的時候，就往往會什麼都不是。」若你想要讓銷售文案的影響力達到最大化，那麼你所使用的任何文字、舉的任何例子、說的任何故事……都必須要能聚焦在達成銷售文案的「主要目標」上。

而要做到這一點，首先你的銷售文案必須要有清楚的「主要目標」。

請寫下「你的銷售文案要達成的目標是什麼？」

Q2：你要透過銷售文案來賣的產品（服務）是什麼？又有哪些特色和優勢？

除了銷售文案本身需要有清楚的目標之外，要寫出一篇具有強大影響力的文案，你當然會需要對自己所要銷售的產品（服務）有比你設定的理想客戶群更深入的了解——甚至你應該要有成為此產品（服務）的專家的自我期許。

在你要動筆寫文案之前，會需要先大量地蒐集有關你要銷售的產品（服務）的資訊（這包括你自己的，以及你的競爭對手的），並將收集到的資訊整理出一份「特色／優勢」列表。

這裡所說的「特色」是指產品（服務）的客觀事實（例如產品的規格、功能，服務裡所包含的項目等等）；而「優勢」則是指你的產品（服務）與其他的類似商品比起來，有什麼正面的不同之處。

舉個例子來說，我家近年來陸續認養了三隻貓，其中有兩隻是長毛貓，因此每年一到換毛季節，家裡就會開始出現貓毛滿天飛、怎麼掃都掃不完的情況。

而身為一個3C宅男，我自然將腦筋動到了3C產品上面，也就是開始注意各種吸塵器產品……最後，我將目標放在「掃地機器人」上，打算評估看看是否也購買一台。

在上網搜尋之後，我在購物網站看到以下的文字說明：

（1）主機上直接設定時間，一周七次自動清掃。

（2）具有自動偵測樓梯功能。

（3）適用於木質地板、大理石、磁磚、防水地毯與中短毛地毯。

（4）僅高10公分。

（5）燈塔型虛擬牆裝置。

（6）任務完成或是快沒電時具自動返航功能。

（7）可沿著牆壁或傢俱邊緣清掃。

根據文字說明的定義，你會發現以上描述的都是「掃地機器人」這個產品的客觀事實，也就是它的「特色」。而如果是「比其他同類產品省電30%」這類描述的話，就是屬於這個產品的「優勢」。

你只要瀏覽一下購物網站，或者是隨手翻翻報章雜誌上的廣告頁，就會發現絕大多數的商品廣告都會將重點放在產品（服務）的「特色」與「優勢」上，這也正是銷售文案寫手與一般文案寫手很不一樣的地方——我們會將銷售文案裡的溝通重點放在不同之處。

稍後你就會了解銷售文案寫手要透過文字與消費者溝通的重點是什麼。不過在此之前，你必須先清楚地決定出你所要銷售的產品（服務）是什麼，並將它的所有可能特色與優勢都條列出來。

請寫下「你要透過銷售文案來賣的產品（服務）是什麼？又有哪些特色和優勢？」

Q3：你的產品（服務）的特色和優勢，能為理想客戶群帶來哪些好處？

前面提到了銷售文案寫手（尤其是高手）與一般文案寫手的一個非常不一樣的地方，在於他們寫文案時的重點並不是放在產品（服務）的特色與優勢上，而是放在「其他地方」。

而所謂的「其他地方」指的就是——這個產品（服務）能為我們的理想客戶群帶來哪些**好處**？

其實，一個銷售文案高手就等於是一個銷售高手，而銷售高手們都知道一個事實，那就是**——沒人在乎你的產品（服務）有多好**。

因為你的理想客戶對於你認為自己的產品（服務）有多好，其實一點興趣也沒有，他們只想知道一個英文縮寫——「WIIFM」，也就是「What's In It For Me？（**這可以為我帶來什麼好處？**）」

而這個好處通常會有兩個方向：

- ☑ 能實現我的什麼「渴望」、「夢想」或「目標」？
- ☑ 能解決我的什麼「問題」、「困難」或「挑戰」？

我們說一篇能成功地把東西賣出去的銷售文案，當中總是會有很多篇幅是在與讀者溝通「好處」（Benefit），而非一直在強調產品的特色與優勢。

在撰寫銷售文案時，你得不斷地提醒自己這一點——沒人在乎你的產品（服務）有什麼功能？有多特別？用料有多好？科技有多先進？和別的品牌比起來有多強？……他們只想知道你的產品（服務）能為自己帶來什麼好處！

在我過去透過大量研究英語的文案教材與書籍來學習銷售文

案時，老師們經常用「鑽頭v.s.洞」的例子來呈現這個概念：

當你在考慮要不要買鑽孔機、要的話又該買哪一台時，其實你心裡真正想要的並不是「鑽孔機」，而是「牆上的洞」。

沒有人真的在乎這個鑽孔機有多強，例如：馬力、扭力有多大？裡面又藏有什麼高科技設備、是奈米塗層還是鑽石鑽頭？沒有人真正在乎這些，因為消費者內心的真正聲音是：「我得在牆上鑽兩個洞才能把畫掛在牆上，有哪台鑽孔機可以幫我做到這點？」

很多人聽到這裡時（尤其是要替自己熱愛的產品（服務）寫文案的人），通常都會出現這樣的本能反應——「我不相信真的沒有人在乎這些！」

然而，如果要成功地把東西賣出去，就得清楚認知到這一點——**「客戶不一定在乎你在乎的東西」**。

例如，我自己對於3C產品非常有興趣，所以對我來說，如果液晶電視是Full HD，那就表示他的解析度是1920*1080，而點距是多少、反應速度是多少、面板是哪一家的、裡面的校色晶片又是哪一家的……這些資訊對我來說可能很重要；然而，如果是我要去賣液晶電視的話，就必須認知這些資訊對消費者而言，可能一點也不重要。

成功的銷售員能在最短時間內找到客戶想獲得的「好處」與自家產品（服務）的「好處」的交集點，然後專注於溝通、強化這些交集點。

我們說一個好的銷售文案寫手也是一樣。

記得要幫理想客戶們「翻譯」

雖然你的理想客戶們會很在意他們能得到什麼好處，但你絕不能認為他們都很聰明、有耐心，就以為自己只要把產品（服務）的特色與優勢羅列出來，他們就會自己將資訊「理解」成他們想要的好處。

你要牢記在心的是：你的理想客戶們通常都「懶得自己找答案」，所以你得先幫他們設想好，並且用他們聽得懂的方式去告訴他們。

因為想把東西賣出去的人是你，所以你得幫他們做這個「翻譯」的工作，而一篇銷售文案能不能達成把東西賣出去的這個目的，很大原因在於這個翻譯做得好不好。

例如，下列表格的左邊欄位，是我先前提過的掃地機器人的「特色」和「優勢」；右邊的欄位則是我自己在看到說明文字之後，幫它「翻譯」出讀者「可獲得的好處」的結果：

特色／優勢	好處
1. 主機上直接設定時間自動清掃，一周七次。 2. 具有自動偵測樓梯功能。 3. 適用於木質地板、大理石、磁磚、防水地毯與中短毛地毯。 4. 僅高10公分。 5. 燈塔型虛擬牆裝置。 6. 任務完成或是快沒電時自動返航功能。 7. 可沿著牆壁或傢俱邊緣清掃。	☑每天自動幫你打掃，維持家裡清潔，輕鬆又簡單。 ☑家裡有樓梯嗎？不用擔心機器會掉下來摔壞。 ☑不管家裡地板是什麼材質，都可以幫你掃乾淨。 ☑連清掃最麻煩的傢俱底下與牆邊都能幫你打掃到。 ☑可以限定打掃區域。 ☑快沒電時會自己回家充電，不必煩惱充電問題，也不用擔心打掃到一半沒電。

你覺得顧客們比較能連結的是左欄，還是右欄中的文字呢？

寫出「你的產品（服務）的特色和優勢能為理想客戶群帶來哪些好處？」的回答。

（你也可以模仿上一頁的方式來畫出表格，並在左欄列出特色／優勢，接著在右欄寫下可能帶來的好處）：

Q4：你的銷售文案是寫給誰看的？

一篇好的銷售文案要能做到兩件事情：

（1）幫你找到並吸引符合條件的客戶。

（2）儘早、儘快地趕走不符合條件的人。

通常我在對合作的中小企業主提出這個觀念時，最常得到的回應會是：「可是我們的東西不是只有這群人可以用啊……」

我把這樣的想法稱為「全世界的人都應該要用症候群」，在這些相信並熱愛自己的產品（服務）的人們身上，最容易看到這種症狀。

而我建議要鎖定並專注在一個市場上，是有以下3個原因的：

1.人性喜歡變化

你只要靜下心來想一想，就會知道其實沒有什麼東西是全世界的人都應該要去擁有或使用的。假設真有這種「家家戶戶必備良藥」性質的東西，但是人性是喜歡變化的，因此你要全世界的人都使用你的東西也是不可能的事，這是我建議鎖定並專注在一個市場上就足夠的第一個原因。

2.資源有限：銀彈要用在刀口上

第二，除非你是那種口袋超深、每年都有著大筆行銷預算要消化的巨型企業，否則對你而言，那種我稱為「散彈槍打鳥」、「亂箭之下必有死兔」、「買眼球、買曝光，希望消費者在買東西時會想到你」的行銷方式，基本上都是你不會想玩的奢侈遊戲。

如果你投注在行銷廣告上的資源已經很有限了，那就更需要先專注在小眾身上，等行銷活動成功而回收了更多的銀彈之後，就可以繼續擴張更大的市場。

記住，當你需要花費時間和心力在不符合條件的人身上時，這就是一種資源浪費，中小型與微型企業更需要盡可能地避免這種事情發生。

3.不同條件的客群，需要不同的行銷和媒體

接著是同樣一個產品（服務），不同的性別、年齡、職業、收入、居住地區的人，都會需要不同的行銷訊息和特定的媒體才能產生最好的效果。

如果沒有先決定出要鎖定並專注的市場，就無法進行後續的市場調查，找出最適合運用的「媒體」，進而開始撰寫與製作最能發揮作用的「訊息」。這就是為什麼我建議要一次鎖定並專注在一個市場的第3個原因。

如何選定首要專注的市場？

那麼，你要如何選定首要專注的市場呢？

如果你已經完成前一個問題中的功課，列出了你的產品（服務）的特色／優勢v.s.好處的清單，那麼你就可以——開始回顧你所寫下的好處列表，然後問自己：「哪一種族群的人可以從我這個產品（服務）得到最多的好處？」

你所得到的答案，通常就會是你的「最高可能購買族群」，自然也會是你最應該優先專注的市場。

不過，如果想讓你的銷售文案做到「幫你找到並吸引符合條件的客戶」，以及「儘早且儘快地趕走不符合條件的人」這種程度的話，你就得進一步做下一個動作，那就是：「把這個『市場』濃縮想像成為一個人」。

這個代表你所鎖定市場的人物，有個專有名詞，叫做「Customer Avatar」，我通常稱為「理想客戶」。

在這之後，你所寫的每一個字都不再只是對著一個「市場」說話，而是對著這一位理想客戶做「一對一」的溝通。

通常我在準備這個部分的時候，都會先閉上眼睛，想像自己坐在咖啡廳裡，然後有個人正坐在我對面的位子上。我會想像這是我的一位好朋友，他有一些想要解決的困難或障礙，或者有些想去實現的夢想、願望或目標——而我要寫的產品（服務）剛好可以幫上他的忙。

在這個階段，我只能在想像世界裡「看」到一個模糊的形體。

然後，我會開始問他這些問題：

（1）你是誰？（有關年齡、收入、身分、職業等等）。

（2）你有什麼想要解決的煩惱、困擾、問題，或者想要實現的需求、願望、夢想，是我的產品（服務）可以幫上忙的？

（3）為什麼你值得花時間了解我的產品（服務）？

（4）你了解我提供的產品（服務）之後，會擔心或煩惱哪些地方？

（5）我要用什麼樣的表達方式、提供哪些資訊、推出什麼樣的方案等等，才能協助你做出正確的決定？

我甚至會幫對方取個名字，例如：「他的名字是Allen，男性，今年35歲，職業是軟體工程師，在竹科工作，月收入5萬台幣，有穩定交往的女友……」等等。

此時，我心裡描繪出的畫面會越來越清楚——

我跟Allen一起坐在咖啡廳裡，閒聊了一陣子之後，他說自己想解決一個問題、想實現一個願望，而這個問題和願望剛好是我的產品（服務）能替他擺平的。

我告訴他我剛好有解決方案，因為我也曾經想要解決和他一樣的問題、和他實現一樣的願望，於是我去尋找了各種方法，結果最後找到了！在找到這個方法之後，我做了更深入的研究，並且在實際去運用之後，也達到了很好的效果，因此我想把這個產品（服務）推薦給他。

在過程當中，也許對方會提出一些疑問或反對意見，例如他可能覺得太貴、他可能過去用過類似的產品（服務），但卻沒有出現理想的成果、他可能覺得別人可以做得到，但是自己就是沒辦法……諸如此類的意見。

在這樣的虛擬對談中，我們就能增加很多的寫作素材，在之後的實際寫作時，就可以去蕪存菁，留下最能「搔到對方的癢處」、「戳到對方的痛處」的文字。

此時，如果我還想更進一步地深入對方的潛意識，我就會再延伸這個虛擬對話，提出下列的議題來與「對方」對談：

1. 如果你晚上失眠的話，會是因為有什麼煩惱？

2. 你會害怕發生什麼事？

3. 什麼事情會讓你很憤怒？有誰曾經讓你很生氣？

4. 你每天會碰到讓自己覺得沮喪的前三名事情是？

5. 有哪些趨勢正在發生？或者即將發生在你的事業或生活上？

6. 你在私底下偷偷地渴望些什麼？

7. 你在做決定時，有什麼已經知道的特定傾向嗎？

8. 你們這個族群有慣用的語言或者「黑話」嗎？

9. 除了我之外，還有誰在銷售類似的東西給你們？又是如何銷售的？

10. 你們平常會看哪些雜誌？

11. 你們平常會造訪哪些網站？

12. 你們對於我這個產業或者類似的產品（服務）有什麼既定的想法或偏見嗎？

你可能會想問我這麼做有什麼好處？

然而在我的一些課程或講座裡，三不五時都會有人上前來跟我說：

「我覺得你這篇文案是專為我而寫的！」

為什麼他們會有這樣的感受呢？

這通常是因為這些人和我所設定的「Allen」有著某些共通點，也許他們碰到類似的問題、有類似想要實現的願望或夢想、有類似的擔心與恐懼……然而當你能夠讓這些理想客戶群出現一樣的共鳴時，你的銷售文案的影響力也將能大幅地提升。

然而相反地，也會有一群人看到同一篇銷售文案時，卻什麼感覺都沒有，甚至會說你的銷售文案寫得不夠吸引人。當遭遇到有人如此批評時，你要問自己的正確問題便是——「他是我的理想客戶群嗎？」

如果是的話，那麼你確實需要請對方給你一些指正，給你一些文案上修改方向的建議；如果不是的話，就給予傾聽、給個微笑吧！你不需要太過在意。

請寫下「你的銷售文案是寫給誰看的？」的回答：

跟正確的對象進行對話

然而許多銷售人員都會犯的錯誤是，將時間浪費在那種不會買、或者是沒有能力買的人身上，然後再質疑自己為何做了一場精彩的產品（服務）介紹，但最後卻總是得到：「我再考慮考慮。」、「我回去跟（先生／太太／主管等等……）討論看看。」之類的回答。

因此在撰寫銷售文案時，你必須要先鎖定正確的對象，而所謂的正確對象需要有著以下條件：

- ☑ 他要有理由對你的產品（服務）感興趣。
- ☑ 他要在財務上負擔得起你的產品（服務）。
- ☑ 他有權力決定購買你的產品（服務）。
- ☑ 他屬於會對你的產品（服務）說「Yes」的族群。

讓我進一步說明這4個條件：

首先是你透過銷售文案對話的對象，他必須「要有合乎邏輯的、對你的產品會產生興趣的理由」。假設你賣的是遊艇，那麼住在撒哈拉沙漠裡的人通常不會是你鎖定的族群；假設你要賣的是壽險，那麼已經八、九十歲的阿公阿嬤也不會是你的主要市場。

當然，任何事情都會有例外，所以你也不必用太過嚴苛的標準來限制、縮小自己的市場。然而，如果你想要提升銷售文案的轉換率，就得在你的產品（服務）和目標市場的連結當中多下點功夫。

例如，你要銷售的是傢俱，那麼去鎖定那些剛買房子、或者正要重新裝潢房屋的族群，是個不錯的選擇；如果你要銷售的是高檔的傢俱，那麼就可以鎖定住在特定區域的人，這能讓你在銷售訊息的溝通上更加精準。

第二個條件，是他必須「要有能力購買你的產品（服務）」。

雖然有人說「當一個人真的想買的時候，錢從來不是問題」，事實上也確實是如此，然而如果我們一開始就先鎖定有能力購買的族群，就能立刻少一個反對意見要處理。

再來的條件是，他必須「要有購買你的產品（服務）的決策權」。有些面對面銷售的訓練課程會強調，在對已婚的對象進行銷售時，最好盡可能地也邀請對方的配偶一起來聽；而在做B2B的銷售之前，你也需要先知道最終會是誰來拍板定案、是誰來決定是否要購買你的產品（服務）。

最後一個條件是，他最好是那種「較有可能對你的產品（服務）說『Yes』的人」，那麼什麼人最容易對你的產品（服務）說Yes呢？答案是——**已經買過類似產品（服務）的人**。

千萬記得一件事：比起讓已經有在消費的人買更多，要讓從來不買某種產品（服務）的人開始消費的難度，更是高上非常、非常多。

也就是說，如果你要銷售的是培訓課程，那麼最佳的對象就會是那些已經有在花錢上課的人；如果你要銷售的是投資理財方案，那麼鎖定那些已經有在投資的族群，就能讓整件事情變得更容易。

Q5：你的銷售文案是以誰的名義寫的？

如前面所述，一篇好的銷售文案通常讀起來會像是朋友之間的對話一樣。

在過去的經驗當中，我發現「**誰**」在跟理想客戶群對話，也會影響銷售文案的轉換率。

在理想狀況下，如果你自己、或者你要協助撰寫銷售文案的對象，在理想客戶群的眼中已經具有一定程度的信任感——例如，是他們眼中的專家、達人，甚至是偶像明星，那就更好了。

為什麼呢？讓我們話說從頭吧～

在這個資訊爆炸的時代，無論你的理想客戶是哪一群人，你都會面臨到同樣的問題：

☑ 客戶越來越忙，有很多事情搶奪他的注意力。

☑ 客戶每天都被一堆廣告行銷訊息轟炸。

☑ 客戶越來越不信任廣告行銷訊息。

☑ 客戶越來越討厭有人試圖對他銷售任何東西。

☑ 客戶越來越不喜歡不請自來的廣告行銷訊息。

簡單來說，現在早已不再是那種「產品（服務）夠好，大家就自然會找上門來」的時代了。不論你要銷售的是什麼產品（服務）、不論你的理想客戶群是誰，你會面臨到的最大挑戰都是：**每個人幾乎都有注意力缺乏症候群**，而你要克服的第一個問題就是「如何爭取到他們的注意力」。

此時，**專家、名人身分**就是最強效的解藥之一，箇中原因，我要先引述一個非常重要的觀念架構來說明，如下：

影響力金字塔——你目前在哪一種層級？

這個觀念來自於我的一位重要導師——美國的直效行銷教父，人稱「21世紀的拿破崙．希爾」的丹．甘迺迪（Dan Kennedy），我將其觀念架構稱為「影響力金字塔」。

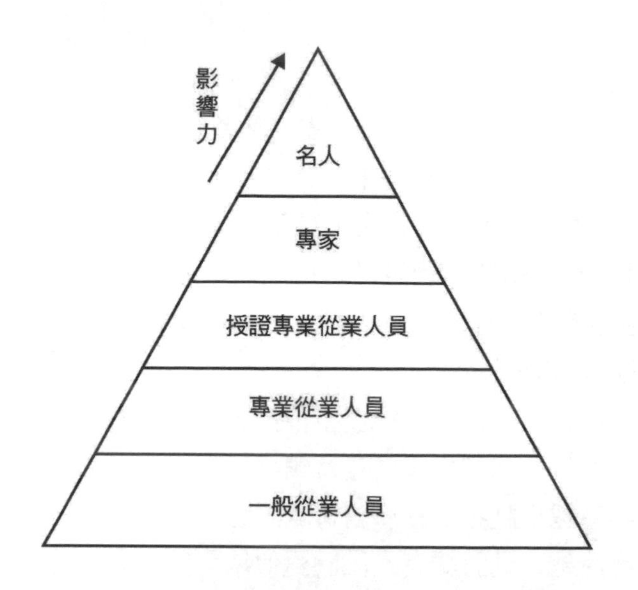

請看上圖的金字塔，在這個金字塔中，位於越上層的人，他對別人的影響力就越大，同時對他來說賺錢就越簡單；反過來說，位於越底層的人，影響力就越低，而賺錢的速度與數量也會越慢、越少。

一般從業人員

首先在金字塔的最底層，是「一般從業人員」。

如果我問你：「你是做什麼的？」你的回答是：「我是做保險的」、「我是會計」、「我是房仲」、「我是講師」，那麼你就屬於一般從業人員的這個層級，你的影響力不大，賺錢對你來說比較費勁。

在任何一個行業中，80%的人所做的事情都屬於這一種層級，不過也有一些比較聰明的從業人員，會再往前進一步，將自己定位成……

專業從業人員

接著往上一層是「專業從業人員」。

如果你做的是房屋仲介這一行，但是你懂得將自己更進一步地定位成「專營豪宅」、「專營商用不動產」等劃分出領域的房仲業務員，那麼，你的影響力就會往上跳一個層級。

為什麼？答案很簡單。

假設有一天你功成名就了，想要買棟豪宅來住住。此時，你手上有兩張房仲業務員的名片，一張印著某房屋的Logo、某業務員的照片以及電話、E-mail等等的聯絡資訊；而另一張除了基本的聯絡資訊之外，還加上了「為正在尋找台北市區豪宅的您提供最頂級的服務」這句話。

那麼，你會先和哪一位業務員聯絡？

大多數人都會選擇後者。

如果再進一步問「為什麼？」，通常我得到的答案都會是：「因為他說自己專營豪宅，感覺上應該在這一個領域比較專業」。

那麼你呢？你在自己所選擇的產業中的定位是什麼？你已經有將自己定位在服務某個特定族群了嗎？

如果你這麼調整了，就會發現只是這樣一個動作，就足以讓你的客戶們在市場上的雜亂噪音裡仍然能聽到你的聲音、找到你的人。

說到這個，我回想起丹．甘迺迪曾分享過他的一位學員——羅布．敏頓（Robert Minton）的故事。

正確定位的成功案例

在聘請丹．甘迺迪為教練之前，羅布．敏頓做的是房屋仲介，當時他的定位以「影響力金字塔」來看，就是「一般從業人員」，因此他做得很掙扎，他不是不努力、不認真，但業績卻總是溫飽有餘，沒什麼大突破。

丹．甘迺迪和他做第一次的諮詢時，問他：「你目前的事業中有哪些狀況是你不喜歡的？」羅布．敏頓聽了就說：「多囉～我不喜歡一天要工作12個小時以上，總要等晚上客戶們有空才能帶他們去看房子，我不喜歡假日還得工作，我不喜歡那些買房子的人通常八年、十年後才會換房子，因為這也代表我要八年、十年後才有機會再賺到他們的錢……」他拉拉雜雜地說了一堆，基本上就是「房屋仲介」這個行業需要做的，他幾乎沒有一件事是喜歡的。

「嗯～這次的諮詢會很輕鬆。」丹．甘迺迪聽完之後這麼想。因為看起來答案其實還挺簡單的——那就是羅布．敏頓該轉行了。

不過，老丹還是繼續著他的諮詢，他又問羅布．敏頓：「那有沒有什麼你覺得還蠻喜歡的地方？」

他答道：「也是有啦～例如有些專業的投資客客戶就很優，他們通常選在平日看房子，有些甚至只看數字，不必親自去看房，就可以決定買或不買。他們通常都會繼續買其他房子，而不是買了之後，八年、十年才會再買。重點是，他們買房子的時候，我可以賺一次錢；他們要賣房子的時候，我還可以再賺一次錢。」

聽完，老丹便說：「我給你的建議很簡單——馬上停止做那些你不喜歡的事、停止服務那些你不喜歡的客戶；現在開始讓自己只做自己喜歡的事、服務那些你最喜歡的客戶。」

此後，這位房屋仲介將自己定位成「專門協助住在美國地區的投資者投資當地房地產」的專家，在大獲成功之後，甚至還將自己的做法發展成一套加盟系統，推廣到全美。

思考看看，你如何也能替自己重新定位、變身成為你所屬產業中的某個利基市場的「專業從業人員」呢？

一旦你這麼做，就會發現、且能更清楚自己要找的是什麼樣的客戶。最重要的是，你的理想客戶群也更容易在茫茫市場裡找到你。

在這個年代，這不僅是件對你「有幫助」的事情，事實上更是你「必須」要這麼做的事情。

授證專業從業人員

再往上一層，是「授證專業從業人員」。

雖然多數人都知道，這年頭「有證書」和「有本事」其實真的是兩回事。我就曾經從許多大老闆口中聽到像：「那些電腦補習班教出來，說有什麼證、什麼證的人，根本就不能用」之類的話語。

然而不可否認的是，對於完全不了解你的實力在哪裡的人來說，「有沒有某單位的授證」仍會影響他們對你的第一印象。

因此，如果你除了有明確的市場定位之外，也同時取得了具有公信力單位的相關認證，那麼你個人的影響力與賺錢速度就能再進一步提升。

不過，這裡要提醒的一點是：很多人都把順序搞錯了。

如果你常注意書店或便利商店的雜誌櫃位的話，也許會發現每隔一段時間就會有那種「證照達人」的專刊出現，而報導內容通常都是那種手上擁有十幾、二十張證照的人物故事。

當然，積極學習是非常好的事，但是在先後順序上，在你準備跑去考證照之前，你應該先將自己定位清楚才是。

你應該先思考自己最想要服務的客戶群是誰？然後去釐清這群人心中最想要或需要的產品（服務）是什麼？接著去研究現在市面上有哪些證照是能夠強化你在這個領域的專業形象的，最後才去考照。

簡單來說，如果你的專業定位是「只針對五百大企業提供世界最佳的會計服務的超級會計師」，那麼你為什麼要先浪費寶貴的時間和心力去考「丙級廚師」或者「技術士」的證照呢？

專家

再往上一個層級就是「專家」。

為自己創造「達人」或「專家」的形象，可說是提升你的影響力與賺錢速度和數量最有效率的方式之一。舉例來說，你試著回想過去自己去醫院看醫生的經驗，你有在醫生給了診斷之後質疑他，或者是和他討價還價的經驗嗎？

大多數的人都不曾這麼做。

為什麼？原因當然很多，但是追根究柢來說，這核心的原因在於——在你的眼中，醫生是這個領域的專家。

若要有效地提升個人影響力，你就必須對「人性」有足夠深入的了解，因為在人性中還有這樣一個部分，那就是我們都知道不應該以貌取人，但我們還是會以貌取人。

在了解這一點之後，你就可以善用這個重點來為你的專業能力做更好的包裝，讓更多人願意接受你將要提供給他們的好東西。

不管你身在哪個產業，一旦你擁有專家、達人的形象之後，就會出現以下的情形：

☑ 不再是你去拜託理想客戶給你生意做，而是他們主動來請你提供建議。

☑ 你的理想客戶群會願意聆聽、閱讀，並且重視你所提供的訊息。

☑ 會有許多人開始主動找你合作。

☑ 即使你開價比別人高，理想客戶還是會買單。

☑ 你提出的銷售／行銷方案更容易成交。

總而言之，無論你做的是哪一行，只要你擁有專家形象，一切就會變得更簡單。

名人

最後，金字塔的最上一層是「名人」。

當你擁有這樣的身分時，你對群眾的影響力也將達到最大。當然，賺起錢來的效率也就更高了（看看影劇版明星的代言費就知道了）。

談到這邊，有兩個方向是你可以去思考與規劃的：

首先是，如果你要幫自己的事業撰寫銷售文案，並且文案內容是以你個人為主角時，那麼讓自己具備理想客戶群眼中的專家、達人，甚至是偶像明星的形象，對於你的銷售文案影響力絕對有著非常大的加分。

（P.S.其實要做到這一點並不困難，我有一個工作坊是在談論這個主題，如果你有興趣可以訂閱我的電子報（http://yaoren.linzuli.com/herd），在下次開課時就會收到通知。）

然而如果你是要幫客戶撰寫銷售文案，那麼你就必須儘早釐清他（她）的事業中是否有這樣的專家、達人形象可以運用。如果有，那麼你可以考慮是否以這位專家、達人的名義撰寫文案；如果沒有，那麼你可能就會需要創造一個專家、達人，或者是借用其他專家、達人的影響力了。

請寫出「你的文案是以誰的名義寫的？」的回答：

Q6：你的產品（服務）相較於市面上其他選擇，有什麼獨到之處？

“獨特賣點是為了達到成功銷售的目的，針對你所瞄準的市場，為自己定下的特殊定位。”

——美國直效行銷界傳奇　約翰．卡爾頓（John Carlton）

想像一下，如果現在有一個完全符合你的理想客戶群條件的人站在你的面前，他問了你這個問題：

「為什麼我應該跟你做生意，而不是選擇市面上的其他類似選項……或者選擇什麼都不要買？」

你有辦法回答這個問題嗎？你又會如何回答？

這是由行銷大師丹．甘迺迪所提出的經典問句，每一位銷售（行銷）人（當然包括你在內）都應該要將這幾句話印出來，貼在自己每天都看得見的地方，然後不斷地去思考該如何能更好地回答這個問題。

而你回答這個問題的答案，它有個專有名詞，就稱為「獨特賣點」（USP, Unique Selling Proposition），簡單來說，就是「你跟別人有什麼不一樣？」

你的理想客戶群（無論他們是誰）不管是在表意識或是潛意識的層次裡，都會有這個疑問存在。如果你希望自己的銷售文案能達到理想的成績，你就必須要能對這個問題提出夠好的答案。

舉例來說，假設你從事的是保險業務，那麼你會需要思考的問題就是——「全台灣有30萬人以上的保險從業人員，那我跟別人有什麼不一樣？」

「我很專業」，這顯然不是夠好的答案，因為還有許多同行也一樣專業，甚至比你還專業……

在你構思產品（服務）的獨特賣點時，可以先思考，在獨特賣點中要說明的，一樣不是產品（服務）的特色或優勢，而是它帶來的「好處」——你賣的東西能為客戶做到什麼？最大的差別在於，你要強調的是其他人、產品或服務沒辦法，或者很難帶來的好處。若你能以更快、更簡單、更有效率、更便宜的方式帶來同樣的好處，這或許就能成為獨特賣點。此外，如果使用你的產品（服務）可以增加競爭優勢、可以帶來尊貴感受、可以享有某種特權等等……這些也都可以成為你的獨特賣點。

當你找到一個強力的「USP」時，甚至可以靠著獨特賣點就支撐起一個龐大的事業體！在美國有許多經典案例可以證實，例如我們非常熟悉的「達美樂披薩」就是如此。

達美樂披薩是由湯姆．莫納根（Tom Monaghan）在1960年時和弟弟詹姆士．莫納根一起創立的，他當時的想法是，只要能在自己的家鄉開兩、三家的披薩店就滿足了（也因此他們的Logo是骰子的點數1點與2點）。

事業的初期經營得非常不順利，於是弟弟決定退出放棄，他則決定繼續堅持下去。到了1973年，事業有了大突破，這讓達美樂披薩成為了世界性的品牌。

而這個大突破就是——他們找到了一個真正的USP！

現在你對「30分鐘快熱送到家！」很熟悉，但當年他們提出這個USP時，可說是對整個產業造成了革命性影響。這個USP推出後不久，就讓他們征服了當地市場，後來擴大到全美、甚至全世界……當然，也讓湯姆．莫納根賺進了大筆財富。

以下我列出一些有助於你發想USP的問題，你可以藉由這些問題來腦力激盪，替你的產品（服務），甚至整個事業找到一個強大的USP。

如果你提供的是某種產品（服務），不是某種技能，那麼你身上有什麼元素是可以拿出來強調，以提升理想客戶對你的產品（服務）的信任度的？例如：你的知識／技能、你的經驗／過去的故事、你的堅持、你專注於服務哪個族群……或者如下：

☑ 關於你或你的產品（服務）能帶來的成果，有什麼值得一提的獨特之處？

☑ 與你有生意往來，能帶來哪些看得見的好處？

☑ 你的產品（服務）有其他商品沒有的特色或優勢嗎？

☑ 你的產品中含有競爭對手們的產品沒有的內容物嗎？

☑ 你的產品的成分或配方，有什麼值得一提的東西嗎？

☑ 你提供產品（服務）的方式有什麼不同？較快？較慢？較簡單？可以減少某些問題的發生？有專利？可以量身訂做？

☑ 客戶們在使用你的產品（服務）的體驗，和使用你競爭對手的產品（服務）時有什麼不一樣？例如：服務比較親切、效果更快速、更注重隱私、更低調或更奢華……等等。

由於本書主題以銷售文案為主，所以僅能列出以上可以協助你構思USP的部分問題；不過事實上，光是「如何找到獨特賣點」這個主題，也值得你投注非常、非常多的時間去探究。如果你想要獲得更多有助於發想USP的資訊，可前往網址：http://yaoren.linzuli.com/usp訂閱索取。

請寫出「你的產品（服務）相較於市面上的其他選擇，有什麼獨到之處？」的回答：

Q7：有哪些相關的事實或證據能佐證你的產品（服務）的功效？

在銷售的過程中，會讓你的理想客戶群最後做出「不買」的決定，通常有以下這6種常見的主要原因：

（1）他們不了解你到底要提供什麼。

（2）他們不夠想要或者還沒認知到你的產品（服務）能帶來什麼價值。

（3）他們不相信你說的話。

（4）他們不相信自己可以做得到或者得到你說的好處等等。

（5）他們認為自己負擔不起。

（6）他們不覺得現在一定要買。

其中的第四項是「他們不相信自己可以做得到」，這裡指的還有「可以得到你在銷售文案裡所提到的好處」，甚至包括更深層的——他們有著自尊心較低、自信較不足的問題，因此覺得這麼好的事情不可能發生在他們身上。

要破除這點疑慮的話，最簡單也最直接的方式就是：多提供能佐證你的產品（服務）確實有此功效的資訊來強化他的信心。

> "不論你使用的是什麼媒體，「見證」都是地表上最強大、最有效、也最容易被忽略的銷售工具。"
>
> ——美國直效行銷教父　丹・甘迺迪（Dan Kennedy）

在這當中，「使用者見證」可說是最強大的工具了，原因很簡單，因為不管世界上出現了多少的新媒體，有一個銷售上的規則卻是始終不會變的，那就是當我們在說自己的產品（服務）有多好時，消費者永遠都會認為你在「老王賣瓜，自賣自誇」。

然而，當某個人推薦你的產品（服務）很好時，就算他的口才或文筆比你差了100倍，在現實上他的影響力卻會比你本人去推薦自己的產品（服務）高了100倍。

所以，如果你平常就已經有在蒐集、或者知道可以跟誰取得正面的使用者見證，那麼你就應該盡可能地去善用這些「資產」，因為這能使你的銷售文案的影響力再進一步地提升。反過來說，如果你目前仍提供不出任何使用者見證，那麼你就該在這部分再加把勁了。

在蒐集見證與使用見證時，你需要記住一個原則，那就是——以「質」為優先，「量」為其次。你會希望儘可能在銷售文案裡多放一些見證，不過與此同時，你也會希望放上去的是高品質的見證。

你不會希望銷售文案裡都是一堆「好像說了什麼，卻又什麼都沒說清楚」的見證，例如：

「這本文案書真是太棒了，我從來沒看過寫得這麼好的文案書，我真是太感謝作者了！」　——台北　阿Q

一般來說，一篇好的見證會做到以下幾件事情：

（1）有簡單的自我介紹

一篇好的見證會出現見證者的簡短自我介紹，而這一小段的自我介紹最好是很「平民化」的資訊，如此可讓讀到見證的理想客戶群更容易去連結與自己的關係，例如：

「我是OO，我原本是貿易公司的小職員，每個月只能領那少少的22K薪水，不過在我參加了《磁力文案》工作坊，學會了寫銷售文案之後……」

（2）能解決某個（某些）反對意見

我們說最理想的見證就是可以直接解決理想客戶群可能會出現的某個、或者某些反對意見的那種見證。

例如，如果你發現理想客戶群裡可能會有個反對意見是：「這個價格有點高」，那麼提出像以下的見證就可說是完美的解方了：

「……我剛開始在想『這個課程價格也太貴了吧！』而在猶豫要不要參加課程，不過還好最後我還是決定報名了，因為至今我已經回收了70倍的學費！」

（P.S.我真的有一位學員是在課程結束後不久，就回收了70倍的學費，這不是亂掰的。）

（3）明確具體的資訊

你會希望見證當中所提供的資訊越明確、越具體越好。例如：「我使用了這個產品之後瘦了很多，是我這輩子最瘦的時候」就不夠具體。比較理想的見證會是：「在使用這個產品後的1個月內，我的體重就少了6.5公斤，體脂肪也降了3%。」

（4）真實可信的資訊

無論你是要用文字、語音還是影片來記錄見證，都切記：不要做太多的修飾（尤其是不要背稿唸稿）。因為越是真實，可信度就越高。

除了使用者見證之外，以下還有幾種常見方式可以佐證你的產品（服務）的功效：

- ☑ 實驗。
- ☑ 照片（使用前／使用後）。
- ☑ 影片。
- ☑ 專家／名人背書等等。

請寫出「有哪些相關的事實／證據能佐證你的產品（服務）的功效？」的回答：

Q8：除了以上這些證明，你的產品（服務）或公司是否還有可以增加文案可信度的資訊？

在問題7裡，我們曾提到影響消費者做出「不買」決定的6項主要原因，其中的第3項是「他們不相信你說的話」。

因此，除了使用者見證、實驗、照片、影片之外，如果你能在銷售文案裡提及一些有助於增加你的產品（服務）、乃至於公司自身可信度的資訊，那麼就能再排除一個讓他們選擇不買的理由。

你可以思考的方向有：

（1）在業界的歷史

例如：你的公司在業界已經多少年了、你的產品在市面上已經銷售多久了等等……。

（2）相關的統計數據

例如：到目前為止已經服務過多少客戶／使用者了、總計已經為客戶省下了多少錢等等……。

（3）得過的相關獎項或認證

例如：通過政府的什麼認證、曾經獲得某某單位／協會的獎項等等……。

（4）媒體報導

（5）請名人代言

除了這些，還有一個特別的技法可以讓你的銷售文案的可信度突然激增，我稱之為**「自揭瘡疤法」**，這個技巧的道理是這樣子的：

任何一個產品（服務）都會有它的不足之處，這是每個人都知道的事情，然而通常銷售（行銷）人面對這種狀況的處理方式，大多是想盡辦法去「隱惡揚善」，刻意忽略那些不足的地方不提，只是不斷地強調產品（服務）好的地方。

當你口沫橫飛（或振筆疾書）地介紹你的產品（服務）有多麼好的時候，你的理想客戶群腦袋裡的小聲音卻是：「沒有什麼東西是這麼完美的，你還有什麼沒有告訴我？」

而所謂的「自揭瘡疤法」指的就是，與其讓這些小聲音繼續蔓延下去，不如你自己先把這個問題提出來，直接告訴他們你的產品（服務）的不足之處在哪裡。

這聽起來很違反常理，不過只要你試試看就會發現，很神奇地，你的理想客戶群會非常喜歡你這麼做！

請寫出「除了以上這些證明，你的產品（服務）或公司是否還有可以增加文案可信度的資訊？」的回答：

Q9：你要使用的銷售文案媒體是什麼？

這裡的「媒體」是指用來傳遞這些行銷訊息的「載具」，所以這個問題相對來說要簡單的多，意思是你的這篇銷售文案**打算要放在哪裡**？

是放在網路上嗎？那麼會以E-mail、網頁、部落格文章、臉書專頁呈現，還是以其他的方式呈現？

或者是走實體路線？那麼會是放在報紙廣告、雜誌內頁、DM、名片、面紙包裝、明信片、扇子、手提袋、銷售信、公車、海報，還是其他地方？

對銷售文案的撰寫者而言，使用的媒體是什麼最直接的影響就是可以使用的篇幅多寡。（例如面紙包裝上的文案和網路銷售文案可以用的篇幅差距是很大的。）

此外，我們可以再延伸，談談一個關於行銷的基本概念，這同樣是來自於行銷教父丹．甘迺迪。

丹．甘迺迪將進行直效行銷時所需注意的元素分成三大部分，分別是「市場」、「媒體」與「訊息」，他將此稱為「行銷三角形」。

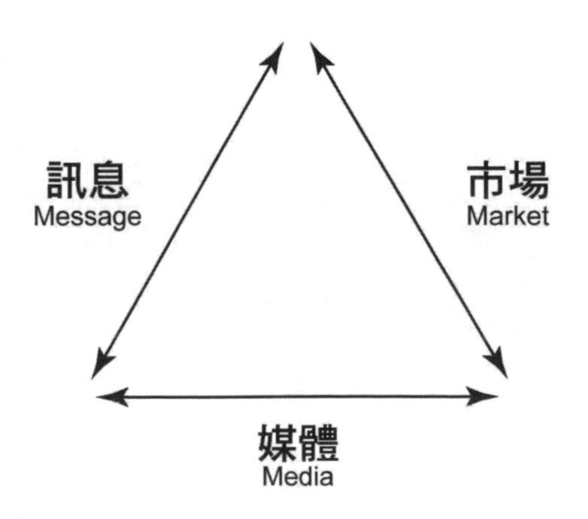

「行銷三角形」中的「訊息」是指為了達到行銷的終極目的，也就是「讓設定的理想客戶群購買你要銷售給他們的產品（服務）」而打造的資訊（在這裡就是指銷售文案）。

而「市場」，則是你的行銷活動所鎖定的族群（在問題4當中你應該已經確定了這個族群是誰）。

一個行銷活動的成敗，完全取決於這三大要素，以及它們彼此之間的連動是否操作正確。

而這三大元素的錯誤排列組合有很多種，包括：

（1）錯的媒體＋對的訊息＋對的市場

（2）對的媒體＋錯的訊息＋對的市場

（3）對的媒體＋對的訊息＋錯的市場

（4）錯的媒體＋錯的訊息＋對的市場

（5）對的媒體＋錯的訊息＋錯的市場

（6）錯的媒體＋對的訊息＋錯的市場

（7）錯的媒體＋錯的訊息＋錯的市場

例如，如果你選錯了媒體，導致你的理想客戶群根本無法看到你製作的廣告訊息，那麼就算你選定的市場正確，也針對這個市場製作了能打動他們、讓他們想要購買你的產品（服務）的廣告訊息（例如你的產品（服務）的最高可能購買族群是南部地區70歲以上的阿公阿嬤，但你卻選擇用臉書來作為傳遞行銷訊息的主要方式），那麼你的行銷活動還是無法產生理想的成果，因為這是對的市場、對的訊息、錯的媒體。

或者你根據你的產品（服務）的調性選擇了一個正確的市場，也篩選出這些理想客戶們最常、最容易、也最喜歡接觸的媒體。然而，由於你的行銷訊息一・無法引起他們的注意、二・激不起他們想要你的產品（服務）的慾望、三・不會讓他們覺得應該立刻採取行動……那麼你的行銷活動成果也一樣會大打折扣，因為這是對的市場、對的媒體、錯的訊息。

在這個三角形當中，錯誤的排列組合可以有非常多種，但對的組合則只會有一種，那就是：

（○）對的市場＋對的訊息＋對的媒體

在你個人要選擇媒體，或者要協助客戶選擇使用何種媒體時，非常值得將「行銷三角形」的概念也列入你的考量。

請寫出「你要使用的銷售文案媒體是什麼？」的回答：

Q10：你的產品（服務）有沒有什麼相關故事可以運用？

去年中秋，一位前輩朋友的公司送了我們一盒吳寶春麵包店的「無嫌鳳梨酥」。

收到禮盒的時候，我的第一個念頭是：「哇嗚～吳寶春的，一定很好吃。」（其實我根本沒吃過吳寶春師傅的任何產品，為什麼我會認為「一定很好吃」？那又是銷售／行銷的另外一個祕訣了。）

而在給我們鳳梨酥禮盒的同時，朋友還轉述了這段故事給我們聽：

「陳無嫌鳳梨酥」

來自屏東大武山下的頑皮小孩，靠著二十幾年來的堅持與毅力，拿下了世界麵包大賽冠軍。在榮耀台灣的背後，憑藉的，是思念母親的力量。

在鳳梨田採收鳳梨、到處打零工的母親，艱苦地扶養八個小孩長大。生活困難，晚餐配菜經常只有那些被淘汰不能賣的鳳梨，身為老么的寶春師傅當時很厭惡這個味道，覺得那代表著貧窮。

後來，母親不在了，他開始想起這個味道，靠著鳳梨，他才得以長大成人，回憶中，母親從不怨天尤人，不喊苦不喊累、認命又樂觀，鳳梨的氣味慢慢轉化成為對母親的懷念，那竟是酸中帶甜的幸福滋味！

厚厚，這下可好，它馬上從「應該不錯吃的鳳梨酥」變成了

「好吃之外，還有感情、有故事在裡面的鳳梨酥」。

像這樣的鳳梨酥就算賣貴一點也不為過，對吧？

如果他的價位還沒有比較貴的話，那是不是你掏腰包的阻力就會降低更多了？

這就是在你的產品（服務）的特色（優勢）與好處上，再穿上一層好「故事」的外衣，所能為你帶來的好處。

而且，好處還不只如此而已。

事業趨勢大師羅傑·漢彌頓（Roger Hamilton）說過，「當連你不認識的人都在對碰到的人介紹你」的時候，你想要不成功都很困難。

而一個好故事就能讓你做到這一點。

怎麼說呢？

以這個case來說，我那位朋友與吳寶春師傅並不認識，但他在把這盒鳳梨酥送給我們的時候，就對我們傳遞了一次這個故事；而我與吳寶春師傅也不認識，但我剛剛又跟你傳遞了一次這個產品的故事……

所以，記得要盡可能地在你的銷售文案裡使用「故事」，這故事可以是你自己的，也可以是客戶或某個第三者的，必須是關於你的產品（服務）的使用經驗或者效果的故事。

好，現在比較看看，如果我沒有和你說上面這段「朋友送我們無嫌鳳梨酥」的故事，而是直接跟你說「銷售文案裡要多使用故事」，你覺得哪一個比較能讓你記住這個重點呢？

請寫出「你的產品（服務）有沒有什麼相關故事可以運用？」的回答：

Q11：你能為你的產品（服務）提供什麼樣的保證？

每個人的潛意識裡都會直覺地去逃避承擔風險，而對於一個消費者在購買任何物品的時候，他要承擔的可能會有：「買貴了」、「買錯了」、「買了不該買的東西被責罵」……等風險。

即便你的銷售文案成功地激起對方的情緒，而讓他非常地想要你的產品（服務），然而不管是在對方「允諾要購買」到「真的下單購買」之前、「下單購買」到「實際收到產品（服務）」之間、乃至於「收到產品（服務）」之後，都有很多事情可能會發生。

在這個過程中，他的理智可能又會重新掌控大局，讓他開始「發明」各種不應該買你的產品（服務）的理由，同時想盡辦法說服自己衝動做決定其實是不明智的。

他也許還是想購買，但是他的左腦會不斷地跟他說：「我們還是再仔細考慮一下吧～」

這當然是身為銷售文案撰寫者的我們不希望看到的狀況，因此我們得要在文案中預先準備好解決方案，而最常見、也最有效的方式就是提供某種形式的「保證」。

提供保證給消費者能協助你達到3個目標：

（1）合理化消費者的購買決定。

（2）降低「買者自責」（buyer's remorse）的感受。

（3）開啟日後的持續關係。

我們先從第一個目標開始談起。

在銷售心理學上有個觀念是**所有的購買行為都是非理性的**，即便是對那些購買任何東西前都會做很多功課的理性消費者來說也是一樣。

人們在購買東西時都是右腦情感上先決定要買，然後左腦才開始啟動、來找理由支持這個購買決定。當你提供某種形式的保證時，就能協助消費者的左腦進行這個合理化的動作。

如果你想知道這個方法是不是真的有用，只要看看現在各大網路商城和電視購物台就可以知道了，他們都有提供「不滿意退貨保證」，你覺得「反正可以退」這個念頭會成為多少人的「最後一根稻草」而使他們決定購買呢？

除了可以進一步合理化購買決定之外，提供保證也可以降低所謂的「買者自責」（buyer's remorse）。也就是說，有很多人在已經買下去後不久，就會開始想說「我是不是買貴」、「買錯了」或者是「根本不該在此時買這個東西」等等，這時如果你的產品（服務）有提供某種形式的保證，就可以把這種感受降低。

此外，提供保證還有可能為你開啟後續與消費者之間的持續關係。

舉例來說：如果你提供的是「百分之百滿意保證」，而有一位消費者在購買之後，覺得你的產品（服務）不是他要的而要求退費，你也遵守承諾全額退費了，那麼此時這位消費者會對你留下一個正面的評價，也許他未來還會成為你的客戶，或者還會把你的產品（服務）介紹給其他人。

接下來說明「保證」有哪些類型：

如果以類型來區分，你可以提供的保證有：

滿意保證

例如：「若你有任何不滿意之處，只要跟我們說一聲，我們就會將你支付的款項全額退還。」

成果保證

例如：「如果在30天內我沒有瘦到5公斤的話，我就……」

贈品保證

例如：假設你在產品（服務）的配套中有提供贈品，那麼你可以說：「如果你試用之後不喜歡這個產品（服務），你可以退貨，但仍然可以保留我們的所有贈品……」

如果以時間區分，你可以提供的保證有：

限時保證

例如：7天內、10天內、30天內、3個月內等等。

終身保證

例如：一輩子，不管什麼時候。

如果依「條件」區分，你可以提供的保證有：

有條件保證

例如：「只要你能證明有依照我在課程中所教的方式去做，但確實沒有得到任何成果，我們就會將全額學費退還給你。」

無條件保證

例如：「你帶回去使用後，不管發生什麼原因，甚至只是不喜歡包裝的顏色或設計，我們都會將費用全額退還給你。」

在這裡附帶一提的是，不管你在設計任何行銷方案時，都要把現在市場的主流做法考慮進去，然後提供比主流做法更優的方案，甚至是反其道而行。

例如當市場上沒有人提供保證的時候，如果你有提供保證，那麼你的獨特賣點就出來了。

然而，如果市場上大家都有提供保證，這時候就有兩條路可以走：

一是比別人提供更大的保證（例如別人都是提供3個月保證，那我就提供6個月滿意保證；別人提供10年保固，那我就提供終身保固等等。）

二則是反其道而行，用「不保證」的方式來凸顯自己的特別之處；至於如何運用「不保證」，在Part2會有詳盡的說明。

總之，作為一個銷售文案寫手，你必須要記得一件事：那就是對大多數的消費者來說，影響做出「購買決定」的最大障礙之一，就是對背後各種風險的疑慮。若你能在銷售文案裡消除越多疑慮，那麼文案的轉換率就會越高。

如果你（或者請你撰寫銷售文案的人）能接受這個觀念，但對於提供保證這件事還是有擔心之處，那麼了解以下幾件事實也許會有所幫助：

第一、大多數人都不會因為你有提供滿意保證，就真的跑來退款，有意思的是，很多人就算真的對產品（服務）非常不滿意，也不會來退款。

第二、沒錯，多多少少會有些不滿意的客戶選擇來退款，但既然你無法實現你在銷售文案裡所提到的承諾，那麼退款也是天經地義的事情；反過來說，如果你對自己的產品（服務）非常有信心，那麼又有什麼不提供滿意保證的理由呢？

第三、是的，當你提供滿意保證時，偶爾會有這麼幾個想占你便宜的「奧客」出現，他們使用你的產品、享受完你的服務之後，再跑來跟你說他們要退款。然而只要你計算一下因提供保證而多增加的業績，再拿來和這些奧客所造成的損失相比，你就會知道這非常、非常地值得。

記住，提供某種形式的保證，用這種方式來做到行銷大師傑・亞伯拉罕（Jay Abraham）所說的「逆轉風險」，將會讓你的銷售文案像吃了類固醇一樣生猛有力，轉換率大幅提升！

請寫出「你能為你的產品（服務）提供什麼樣的保證？」的回答：

Q12：你能提供哪些超值贈禮來增加理想客戶採取行動的誘因？

你看過電視購物頻道賣刀具嗎？記得購物專家是怎麼用贈品來引誘觀眾下單嗎？通常他會這麼說：「現在就打電話來訂購，除了這36件的超級無敵廚房刀具組之外，買一送一，再多送你一整組！而且還再加送10件餐具組，有牛排刀、水果刀、西瓜刀、美工刀………限量一百組，趕快打電話進來！」

「他們賣其他東西的時候，也是這麼賣呀～」你可能會這麼說。不過真正的問題是：為什麼電視購物不管賣什麼都會——一路送到底？

答案是：因為消費者就是吃這一套！

贈品對你的理想客戶而言，往往會是壓垮駱駝的最後一根稻草，會讓他的理性無法堅持到最後一刻，只想抄起電話報出信用卡號，買下在電視上看到的東西。

我常在現場課程中建議學員多觀摩電視購物頻道，在節目上就可以免費學習到非常多的強效銷售技巧。台灣目前的主要幾個電視購物頻道，在創立之初都是投資了大筆金錢、人力與時間去和像韓國等已經有成功經驗的國家學習，他們基本上已歸納出一門「如何在最短時間內賣出最多東西」的科學，而你只需要打開電視就可以學習到這些，所以千萬別浪費了這個資源。（只是用這個方式學習有個缺點，如果沒辦法克制自己的購物慾望，那可能得繳不少「學費」了。）

然而對你有益的好消息是：同樣的技巧在銷售文案上也一樣適用，但問題是，到底要怎麼運用呢？

假設你銷售的是教育培訓產品，那麼你可以贈送更多的資訊，例如加贈書籍、CD、DVD、線上會議……等等；如果你提供的是某種服務，例如你開乾洗店，那麼你就可以加贈幾次的免費乾洗，或者是洗兩件第三件免費之類的優惠。

不管你做的是哪種行業、要銷售的是哪種產品（服務），都可以用提供免費贈品的方式來抬升成交率。而在規劃超值贈禮時有兩個大準則可供參考：

（1）贈品在理想客戶眼中必須有足夠高的認知價值。

（2）成本低且容易運送。

除此之外，以下我也提供一些超值贈禮的常見類別，你可以參考這些類別來構思要提供什麼樣的超值贈禮：

依超值贈禮的數量區分，可分為：

（1）單一贈禮（例如：你買這個，我送你那個）。

（2）多重贈禮（例如：你買這個，我多送你另外三樣好禮）。

（3）多擇一（例如：你買這個，我送你這五種裡的兩種）。

依超值贈禮與產品（服務）的相關性區分，可分為：

（1）直接相關（例如：報名《磁力文案》課程，加贈《網路行銷的不變奧義》DVD。）

（2）間接相關（例如：報名《磁力文案》課程，加贈筆記套組。）

（3）不相關（例如：報名《磁力文案》課程，加贈衛生紙一年份。）

以這三者而言，最理想的自然是「直接相關」的贈品，因為對消費者來說他會覺得他用得著，因此會有較強烈的「賺到」的感覺；如果是報名課程送一串衛生紙，雖然也是用得著沒錯，但總會讓人心裡產生「怎麼會送這個，這跟文案課程有什麼關係？」的疑惑。總之，在規劃超值贈禮的時候，我會建議你盡可能地提供直接相關的贈品。

依超值贈禮的「類型」區分，可分為：

（1）有形實體贈品（例如：筆記本、衛生紙）

（2）無形虛擬贈品（例如：DVD、電子書、影音課程）

現在，你可以依照上面提供的這些資訊，來設計你在銷售文案中所要提供的超值贈禮是什麼。

在構思的過程中，別忘了銷售文案裡的每一個元素的目的都是為了「成交」，因此，你必須確定你所提供的超值贈禮有助於將理想客戶群再往「成交」這個方向推進。

因此，在你設計好超值贈禮之後，試著用換位思考的方式，想像自己是理想客戶，用他（她）的角度看看這些贈禮。

你看了之後，很心動嗎？甚至覺得光是超值贈禮就已經物超所值了？

如果是的話，恭喜你！你提供的超值贈禮將能讓你的銷售文案轉換率再往上推升！

請寫出「你能提供哪些超值贈禮來增加理想客戶採取行動的誘因？」的回答：

Q13：對於你的產品（服務），你的理想客戶可能會有哪些反對意見？

「反對意見」指的是會讓你的理想客戶感到擔心、害怕或懷疑，因而無法決定購買、或做出「不買」決定的那些理由。

一般來說，消費者之所以會不買，通常是因為他們……

- ☑ 不了解你到底要提供什麼。
- ☑ 不夠想要或者還沒認知到你的產品（服務）的價值。
- ☑ 不相信你說的話。
- ☑ 不相信自己可以做得到或者得到你說的好處。
- ☑ 認為自己負擔不起。
- ☑ 不覺得一定要現在就買。

而常會衍生出來的反對意見可能會有：

- ☑ 我買不起。
- ☑ 我需要和家人商量一下。
- ☑ 買了，我老婆會殺了我。
- ☑ 我之前買過類似的東西，但是沒有效果。
- ☑ 我需要再研究一下。
- ☑ 我考慮一下

……等等

想想看，如果你的理想顧客就坐在你面前，當你跟他介紹了你的產品（服務）之後，他可能會提出哪些反對意見？你又會打算用什麼方式來排除這些反對意見？

請寫出「對於你的產品（服務），你的理想客戶可能會有哪些反對意見？」的回答：

Q14：你在銷售文案中要提出什麼樣的提案？

「提案」指的是要提供給理想客戶的方案以及方案的條件，你在提案中說明他（她）將能以什麼樣的代價，去得到哪些東西。通常提案內容會包括你為銷售的產品（服務）所提出的承諾、價格，加上有哪些贈品、有什麼樣的保證，以及消費者要如何購買等資訊。

在銷售文案中，你提出的提案是否足夠吸引人，對這篇文案的轉換率高低將有決定性的影響。一個好的提案，可以讓銷售文案的成交率倍數成長；相對來說，提案設計不夠吸引人，往往就會搞砸很多原本可以成交的銷售機會。

在設計提案時，其中必須要有足夠的誘因或獎勵來誘使你的理想顧客做出你希望的回應（c.g.下單購買或者留下個人資料索取更多資訊）。

以下提供10個問題檢測，在設計提案時用這些問題來自我檢驗，將有助於你設計出更誘人的提案：

（1）這個提案夠明確嗎？你的理想客戶能理解自己會得到哪些東西、以及要如何才能取得這些東西嗎？

（2）這個提案是屬於獨享方案嗎？你是僅針對少數人提供你的方案（進而讓他們感覺到自己是特別的、是有特權的一群人），還是開放給所有人？

（3）你的提案有足夠價值嗎？在你的理想客戶眼中，你的提案能帶來足夠大的價值嗎？不管你提案內容的成本是高是低，它對你的理想客戶必須要有夠高的認定價值才行。

（4）你的提案夠獨特嗎？你提供的東西是否是到處都能找得到，還是只有你（或你的事業）才能提供的？

（5）你的提案對理想客戶有幫助嗎？你得確保提出的方案內容確實有助於提升理想客戶人生中的某個面向（e.g.省錢、省時、把工作做得更好、更健康、更快樂……等等）

（6）你的提案會是理想客戶們想要的嗎？如果全世界只有你認為這個提案超棒的，那是沒有用的。

（7）你的提案合理嗎？如果你的提案乍看之下就「好到不像是真的」，那麼往往會讓理想客戶覺得「其中必有詐」。或者明明沒什麼，你卻把它描述得好像稀世珍寶的提案，則會讓理想客戶覺得你在挑戰他們的智商，所以務必確保你的提案在可信的合理範圍之內。

（8）當理想客戶要接受你的提案時，後續程序是否夠簡單？他們需要採取的行動越複雜、困難或麻煩，則採取行動的意願就會越低。所以，要盡可能地讓他們需要採取的行動越清楚明瞭、越簡單越好。

（9）你的提案有急迫性嗎？有沒有截止日期或者人數限制？

（10）你的提案有逆轉風險的機制嗎？例如透過「滿意保證」來讓理想客戶知道他沒有任何風險？

未來在規劃任何提案時，請務必時時參照這10個問題。

在提案初步規劃完成之後，也可以用這10個問題再回頭檢查幾次。若10個問題的答案有著越多的「Yes」，那麼你的提案回應率也將會越高。

提案練習，寫下你對下列問題的回答：

1.你的客戶在與你交易之後，他（她）會獲得什麼？你的產品（服務）包括哪些東西？

2.你會透過哪些方式宣傳你的產品（服務）？

3.你將提供的「基本版」超值贈禮有哪些？

4.你將提供的「特別版」超值贈禮有哪些？（方案的部分，如果夠吸引人就維持，不夠的話，可以再加一些贈禮。例如跟別人買沒有，將其包裝起來就能變成一個獨特的方案。）

5.在優惠期結束之後，方案會有什麼變動？（e.g.價格提高、取消超值贈禮、產品（服務）下架等等）

6.你的產品（服務）打算收多少錢？

7.客戶要如何付款給你？

8.你打算提供什麼樣的保證？（e.g.24小時、7天、10天、不滿意退費）

9.你能提供哪些見證？

Write to Sell

The Secret of Magnetic Copywriting

開始撰寫

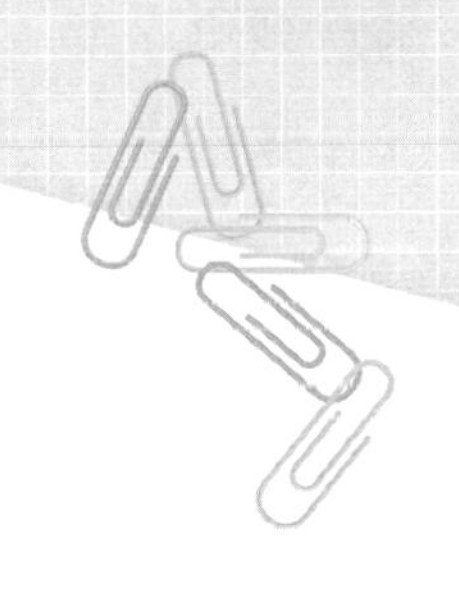

如果我能先吸引你的注意……

然後提供某些能滿足你內在的渴望、或者能解決你困擾已久的問題的東西……

我清楚地說明你如何能以最快速、最簡單的方式，變得更快樂、更富有、更健康……

然後再跟你說明一個，對你而言沒有任何風險的超好康方案……

而且我還能完全理解你的抗拒，體諒你會有的任何擔心與懷疑，並且誠實地回答你的每一個疑問……

……當你在這個過程中，開始相信我，並確定自己將能以最低的風險獲得如此驚人的成效時，你的抗拒就會降低。

最後，你可能會自己決定要購買我的產品（服務）。

照著架構，你也能寫出強效銷售文案！

Writing

“莎士比亞以嚴格的規則寫十四行詩，其中節拍鮮明，抑揚頓挫，隱含著韻律之美，難道他的十四行詩沉悶嗎？莫札特寫奏鳴曲也是遵循一個相當嚴格的法則——起、承、轉、合，難道他的樂曲沉悶嗎？”

——**奧美國際廣告公司創始人 大衛·奧格威**
（David MacKenzie Ogilvy）

如果用做菜來比喻寫文案，那麼回答完Part1的所有問題就像是在準備所需要的食材一樣。

一般來說，我自己在寫文案時，花在準備素材階段的時間大約是60%，在實際撰寫與編輯校對的時間大約是40%。

事實上，思考與回答前述的那堆問題的確是比較不好玩、比較不「Sexy」的事情；然而，每當我偷懶不肯投資這個時間的時候，往往就會因為素材沒有準備好、還沒想清楚就開始寫，導致後面的文案撰寫拖得非常久。

在我演講與授課的時候，發現這也是多數人都會犯的錯誤：他們學了幾種銷售文案的架構，然後就坐下來從標題開始寫。

但是，你寫出來的銷售文案是否能發揮作用，有80%是取決於準備階段是否做得足夠紮實——雖然比較不好玩，因為要蒐集素材、要發想、也還沒看到成品，但是其實這就像是蓋房子，可能家裡附近圍了一個空地，兩三年都沒動靜，然後突然第一層蓋出來之後，每個禮拜蓋個兩三層。因為60%是挖地基的階段，如果地基沒挖好的話，之後蓋房子會很辛苦，所以這是你必須投資的時間。也許你準備了一個禮拜，卻連一個字都還沒開始寫，標題也還沒出來，但一旦你準備好了，之後在實際撰寫銷售文案時就會順暢很多。

如果你要寫好銷售文案，就必須要先認知到一件事：**人類是一種自私的生物。**

這並沒有好壞對錯，它只是你想要寫好銷售文案，想要成功地把手上的好東西銷售出去時，必然會需要了解並接受的一個事實而已。

當我想要把某個東西賣給你的時候，你一定會抗拒，這是人的天性。（而且是一種好的天性。想想看如果有個人，當任何人想要推銷東西給他時，他都只會說「好」，那麼他大概一下子就要破產了。）

不過，如果我能先吸引你的注意……

然後提供某些能滿足你內在的渴望、或者能解決你困擾已久的問題的東西……

我清楚地說明你如何能以最快速、最簡單的方式，變得更快樂、更富有、更健康……

然後再跟你說明一個，對你而言沒有任何風險的超好康方案……

而且我還能完全理解你的抗拒，體諒你會有的任何擔心與懷疑，並且誠實地回答你的每一個疑問……

……當你在這個過程中，開始相信我，並確定自己將能以最低的風險獲得如此驚人的成效時，你的抗拒就會降低。

最後，你可能會自己決定要購買我的產品（服務）。

我常說這是一個「什麼都太多」的時代，在不管要買什麼東西都有一大堆選擇的環境之下，消費者更加挑剔完全是正常的。然而即便如此，只要你能戳到他們內心最深層的渴望、只要你能將所有的事實都說明清楚、只要你能把所有的風險都移除掉、只要你能讓「被說服」這件事變得合理，就能成功地說服他們購買你的產品（服務）。

而現在，你就要開始學習如何透過銷售文案來做到這整個流程了。

經過驗證有效的AIDCA銷售文案架構

如果去研究和銷售相關的演講、書籍與課程，就會發現關於如何做到上述的事情，古往今來已經有許多專業人士歸納並整理出相當多已驗證有效的框架了，而「AIDA」是其中最多人教、也最多人使用的一種……

為什麼？很簡單：**因為它有效！**

「AIDA」是四個英文字的縮寫，指的分別是「Attention」（吸引注意）、「Interest」（產生興趣）、「Desire」（激發渴望）、「Action」（促使行動），透過這樣的流程，就能將你的理想客戶逐步引導到你希望他採取的行動上。

在本書中，我是以「AIDA」為主架構，再加入了「Conviction」（堅定信心）這個項目成為「AIDCA」的架構，以此作為銷售文案的框架。

在接下來的篇幅中，你將會學到在銷售文案中是以哪些組成元素來實現「AIDCA」這個架構，你只要依照指引一塊塊地把這些元素準備好，在最後就能像拼拼圖一樣神奇地組合出一篇強效的銷售文案了。

 Attention：以「標題」吸引注意

我們說「標題」是銷售文案的第一個、也是整篇銷售文案中最重要的元素。

為什麼這麼說呢？很簡單。因為不管你的提案設計得有多麼誘人、內文寫得有多麼精彩、價格設定得多有競爭力，但如果你的標題寫得很遜，就沒有人會有興趣繼續讀你的銷售文案……這也就表示沒人會知道你在文案裡提供了多大的好康。

以下是關於撰寫標題的基本觀念：

標題功能只有一個——讓讀者有興趣繼續往下看

銷售文案的唯一工作就是吸引你的理想客戶的注意力，讓他（她）願意投資時間繼續閱讀你後面寫的內容。

在這個時代，由於有太多資訊在爭取你的理想客戶的注意力，因此要做到這件事更是前所未有地重要（也前所未有地困難）。

不論你的理想客戶在瀏覽網頁、銷售信、報章雜誌……還是其他任何媒體時，他們的動作大多是：先看過標題，然後在短短幾秒的時間內決定是否要花時間繼續閱讀下去，而標題的最大目標，就是引起他（她）的興趣，讓他繼續往下看。

順帶一提的是，銷售文案新手在撰寫文案時經常犯的錯誤之一，就是「試圖完成太多事情」：他們想要在標題上塑造品牌、賣弄文字功力、甚至試圖在標題就直接把東西賣出去……結果反而連標題最基本的目的——「讓他繼續讀下去」都做不到。

千萬別犯這個低級錯誤了。

「捨」的智慧——你要吸引的只有理想客戶的注意

標題在銷售文案的架構裡作用在於「吸引注意」，但並不是只要吸引到注意力就好，吸引到「誰」的注意也非常重要。

如果你有運用我在Part1中提供的問題集，已確實完成文案撰寫前的準備工作，那麼你現在應該已經清楚知道你的理想客戶是誰了。

事實上，你的標題只需要能吸引你的理想客戶群的注意就足夠了；不符合你理想客戶條件的人，就算看了標題沒有反應，甚至直接跟你說你標題寫得很爛，應該要如何如何改等等……其實你都不需要在意（P.S.這甚至包括你的客戶，以及其他的文案寫手），因為你的文案並不是寫給他們看，而是給你的理想客戶看的。反過來說，如果符合你理想客戶的人看了標題，卻完全不感興趣，那你就得非常注意了。

標題的長度限制——需要多長就寫多長

銷售文案是一種每一個組成元素都有其精準目的性的文體，而只要能達到標題的主要目的：吸引理想顧客的注意，讓他感興趣並願意往下閱讀，那麼標題的長度並不需要受到限制。

當然，既然稱為「標題」，其長度仍會在一定的範圍內。在構思標題時，可以先丟掉長度的限制，以如何達到標題的主要目的作為核心來撰寫。

有效的標題類型

在我剛開始學寫銷售文案時，找到的學習資訊大部分都來自於美國。我當時看到的銷售文案課程通常都會搭配像是「108種強效提升成交率的標題」之類的贈品，而他們針對課程的文案裡總是會強調有了這個贈品之後，「你只要套公式就可以產生非常

強大的文案了」。

這當然是非常吸引人的點（至少我確實因此被成交了），然而當我自己後來要寫銷售文案時，卻發現很多在英文裡確實可以「套公式」的說法，卻不能直接用在中文裡面。

例如，在英文的銷售文案標題裡，有一個常用的公式叫做「Who else wants……？」如下所示：

Who Else Wants To Learn The Secrets Of Earning An Extra $96,485 As A Chiropractor This Year… While Working Just 24-Hours A Week （Or Less）, With Minimum Stress And Zero Debt!

這是文案大師約翰．卡爾頓（John Carlton）所寫的標題之一，直接翻譯的話會是：

還有誰想要學會整脊師在今年內多賺$96,485的祕密……而且一個星期只需要工作24小時（或更少），低壓力而且零負債！

你覺得讀起來如何？

我當過多年的自由譯者，翻譯過不少作品，以我對於文字的龜毛程度來說……

我覺得讀起來超怪的！

這也是為什麼我後來自己開設「磁力文案」課程時，決定不要提供像「標題範本」這種東西的最大原因。當然，在本書也是一樣，我要提供給你的不是可以讓你套公式的東西，而是我在蒐集與研究了一堆成功的標題案例之後，所整理出來的6種有效的標題類型，分別是：

（1）問句式標題。

（2）頭條新聞式標題。

（3）強調好處式標題。

（4）恐懼失去式標題。

（5）激發好奇式標題。

（6）見證式標題。

依據你要銷售的產品、服務或概念的不同，這6種標題類型各自會有不同的作用。在後續學習撰寫標題時，你可能會發現自己會偏好與經常使用某幾種標題，這是OK的（只要寫出來的標題有用就好）。不過即便如此，我還是會建議你偶爾練習寫其他類型的標題，因為有時候某種標題的類型會特別適用於某些特殊狀況。

以下說明這6種常見的標題類型：

（1）問句式標題

顧名思義，問句式標題是在標題中對你的理想客戶提出某個問題。而在你撰寫問句式的標題時要切記，你要問的，必須是**你的理想客戶會有興趣的問題**，其中一個簡單的策略就是問與你的產品（服務）能帶來的好處有關的問題。

在Part1中有提到，人的驅動力量不外乎「追求快樂」與「逃避痛苦」兩種，所謂的「好處」就是你能為他解決什麼問題、挑戰或困難，或者幫他滿足什麼願望、夢想或需求。

如果你在這之前已經完成「特色（優勢）轉換為好處」的練習，那麼你現在就會知道要銷售的產品（服務）的「好處」有哪些，此時只要將各個好處轉換為問句，就可以產生問句式的標題了。

而問句的思考方向不外乎以下7種：

☑ 為什麼（WHY）？

☑ 什麼（WHAT）？

☑ 誰（WHY）？

☑ 何時（WHEN）？

☑ 哪裡（WHERE）？

☑ 如何（HOW）？

☑ 多少（HOW MUCH）？

例如，多年前我還在從事組織行銷（傳銷）的時候，「提早退休的機會」是一個經常會被拿來主打、而且還蠻能吸引到人的重點（現在時局不太一樣了）。而如果我要把這個好處轉換成問句式標題的話，就會像：

☑ 你也想要在3年內退休嗎？

☑ 為什麼他能只花3年就退休？

☑ 如何在3年內退休？

由於人類對於「提問」的直覺反應，就是當聽到問題時，大腦就會自動開始運作，試圖去回答這個問題。因此，如果你問對問題，那麼這種標題的效果就會非常好。

（2）頭條新聞式標題

當你在標題中提供與讀者相關的重要消息或新突破時，這就屬於頭條新聞式的標題。一般來說你會希望在這種標題中傳遞出重要性、急迫性，或是建立起後續文字的可信度。

舉例來說，我過去曾經營過的一個組織行銷事業，其所推廣的產品線之一是無毒無害、天然環保的個人清潔用品，而當時剛好在CNN出現了一則報導，研究指出在嬰兒臍帶中可以化驗到高達287種的有毒物質。

這個新聞對於消費大眾來說是個壞消息，不過如果你要寫銷售文案來針對父母親們銷售不含化學物質的天然清潔劑，那麼這個新聞就變成了好消息，因為你直接就有了個頭條新聞式的標題可以使用：

CNN報導：在嬰兒臍帶中化驗出高達287種有毒物質！

（3）強調好處式標題

這可說是最常見、也經過最多驗證的標題類型了。如果你剛開始學習撰寫銷售文案，那麼使用強調好處式的標題會是最安全、最不容易搞砸的選擇。只要你描述的好處能精準地打到理想客戶群的內心，那麼他們的注意力自然就會被你抓住。

舉例來說，如果你要透過銷售文案將「掃地機器人」賣給家裡有養寵物的人，那麼你的標題可以是：

從此不再貓毛狗毛滿天飛！

（4）恐懼失去式標題

通常在「恐懼失去」這類型的標題中，會指出如果讀者不投資時間了解一下你在銷售文案裡所要提出的好康方案是什麼的話，他們會損失什麼好處（e.g.金錢、機會……等等）。

前面有提到，人做任何事情的驅動力量不是「追求快樂」，就是「逃避痛苦」。如果比較這兩者，那麼「逃避痛苦」的驅動力量永遠會比「追求快樂」來得強烈。

例如，我們知道每隔半年該去洗牙一次，也知道這對我們的牙齒健康很有幫助，但真到該洗牙的時候，多數人總是會找一大堆理由拖延；但是如果你牙齒已經蛀掉，吃冰或燙的東西開始會覺得酸痛刺激了，那麼這時你跑牙醫診所的動力就會提高。

不過這並不是說你在撰寫銷售文案時要一直強調「如果不如何如何，就會落到什麼樣的下場」，雖說一般而言「逃避痛苦」的驅動力會比較大，但你的理想客戶群中仍有部分會對「追求快樂」比較有反應。因此，在一篇好的銷售文案當中，「鞭子」和「胡蘿蔔」兩者都要有，只是比例上的平衡不同而已。

（5）激發好奇式標題

如果你是屬於創意型的銷售文案寫手，那麼這種標題能給你最大的創意發揮空間。顧名思義，這種標題的要點之一在於激發理想客戶的好奇心，讓他湧起想一探究竟、繼續閱讀下去的意願。然而要注意的是，在你發揮創意來激發對方好奇心的同時，千萬別忘了你寫這篇銷售文案是要銷售什麼。

例如，前陣子我在網路上看到一個叫做「內容農場」的標題產生器，在點進去網頁之後，只要點擊拉霸，就可以自動產生像下列這樣的標題：

「天啊！這些行為會影響你全家的健康，看完之後我驚呆了！」

「超過6萬人關注！全人類的存亡關鍵，看完你將對人生頓然開悟！」

「我怎麼沒早點發現這不可思議的事實！你一定要看第5個！」

說實在地，這些標題都還蠻吸引人的，不過最大的問題在於：當我在臉書上看到這些標題，而被吸引點進去看文章時，往往會發現內文根本沒這麼吸引人，或是標題和內文完全不符。

而使用激發好奇式的標題時，別忘了兩大重點：第一、別忘了你的文案是要銷售什麼，而標題是把理想客戶往「成交」這個方向推進的第一步；第二、激發讀者的好奇心很重要，但千萬別在標題這一關就因為「包裝與內容物不符」而惹毛你的讀者。

（6）見證式標題

見證式標題是在標題裡提供名人或滿意客戶的見證，例如：「我只花3個月！沒運動也沒改變飲食，就輕輕鬆鬆地瘦了10.5公斤！」

由於是「見證」，所以通常這種標題的前後都會加上引號，以表示這是某人說的話。

建立你的標題資料庫

如果你的目標是儘快成為一個銷售文案高手，那麼建議你從現在開始培養一個習慣：每當你閱讀報章雜誌的時候，多去注意一下裡面出現的廣告，看看他們的標題是怎麼寫的；在逛書店的時候，多觀察各雜誌封面，特別是其標題。

在市售雜誌封面的上端1／3，通常會是雜誌社花最多力氣去構思的區塊，因為當雜誌放在架上時，只會露出來最上面的區塊。而雜誌封面本身就是為了吸引人去翻閱、進而去買這本雜誌的重點，特別是像女性雜誌或八卦週刊，他們通常都在標題上下了相當大的功夫。

除了雜誌之外，不管是網路或其他媒體上看到的標題，都可以是你蒐集、觀察的目標，多收集、觀察、整理這些刊物的下標方式，就能不斷擴充你的「標題資料庫」。

最終你可能會發現，很多時候只要把不同的產品、不同的好處套進類似的格式裡，就能產生一個具有強大吸引力的標題，讓你在標題的撰寫上能越來越輕鬆。

寫出能吸引理想顧客注意的標題：

1.回顧先前所寫下的、你的產品（服務）的好處與USP（獨特賣點）：

2.為你的產品（服務）構思標題：（至少10個）

問句式

頭條新聞式

強調好處式

恐懼失去式

激發好奇式

見證式

補充說明：如何判斷用哪一種標題比較有效？

要知道哪一種標題的成效最好，有兩種方式：第一種比較科學、第二種不那麼科學，不過兩者都有知名的銷售文案寫手在使用，也都有很多成功案例，因此並沒有選擇哪一種比較好或比較不好，你只要找到符合自己的習慣與喜好的方式就可以了。

第一種比較科學的方式叫做「A／B測試」。

例如，假設你要寫的是網路文案，那麼你可以參考前述的6種標題類型，去發想20個不同的標題，在文案完成之後，在這20個標題當中挑一個標題Po上去，導入一定流量一段時間後，追蹤這個文案的轉換率如何。

接著，把銷售文案的標題換成另外一個，文案的內容則不改變，同樣導入流量一段時間，觀察它的轉換率如何；如果第二個標題的轉換率比較高，就把另一個撤下來，再用第三個標題去挑戰它。以此類推，對每一個標題做這樣的測試，最後你就會得到一個轉換率最高的標題了。

不過，要進行「A／B測試」有個基本條件：那就是名單量或流量要夠大，不然你的測試很難產生有效的成果。例如，如果你的一個標題只針對看到的10個人做測試，那麼不管結果是成交10個人還是沒成交半個人，其實都不具有代表的意義。

另一種，是比較不科學的方式，就是運用「直覺」：先參考這幾種銷售文案的類型，盡可能多發想一些標題，然後試著一個一個唸，看看自己的感覺如何。

以我自己來說，通常是直覺為主，「A／B測試」為輔。但如果你覺得用直覺來決定心裡會很不安，需要看到明確的數字、用證據來論斷該用哪一個標題的話，那麼你會比較適合使用「A／B測試」的方式。

但是如果你是屬於直覺能力強的人，那麼當你讀到一個「會中」的標題時，你會感覺得到，而當你真的感覺到的時候，就相信你的直覺吧！

 Interest：以前導段落引起興趣

現在你已經了解「標題」在銷售文案中扮演的重要角色，了解標題決定你的理想客戶是否會繼續閱讀你嘔心瀝血寫出來的東西。

現在你已經成功地用標題吸引了對方的注意力，讓你的理想客戶願意繼續往下看了，我們得要帶他們繼續走後面的流程。我們要開始設計文案的第一個段落，你得在這個段落裡進一步引起他的興趣，而這個銷售文案的第一段，我們稱為「前導段落」。

和標題一樣，前導段落（以及後續的每一段文案）的目的也都只有一個——讓對方想要**繼續往下看**。

一般而言，很多銷售文案新手（包括一些老手）都會覺得銷售文案的開頭是最難寫的，他們經常會需要好幾段的文字來「暖身」。但如果你總是需要先鋪很長的哏才能進入主題，那麼你的讀者很容易就會失去耐心。

在撰寫前導段落時，有一件事情你必須牢記在心——那就是你的理想客戶都很忙、很沒耐心、有很多事情會讓他分心、有很多選擇他可以去挑選。

假設你寫的是網路文案，想像你的理想客戶在上網時的狀況：他隨時都可以按右上角的叉叉關掉你的網頁、他的LINE可能正在響、他的FB動態訊息在閃動、他的E-mail信箱裡有一堆信件在等著他去閱讀……有太多的東西會讓他分心。

所以基本上你沒有暖身的時間，因此在撰寫銷售文案時，你需要像動作電影裡的英勇主角一樣，一把抓住對方衣領把他提起來，再用力把他往牆上一推，然後看著他的眼睛、對他大吼道：「注意聽！我現在要跟你說的事情非常重要！」你的標題與前導段落必須要能做到這個效果。

那麼你要如何避免鋪哏鋪得太長以至於讓讀者失去興趣，還要能撰寫出馬上吸引讀者注意、讓他感興趣並想要繼續往下讀的前導段落呢？

以下提供給你5種常見的前導段落類型，這5種前導段落不只可以用在銷售文案上，當你需要寫書、說故事、寫文章的時候，也同樣地非常好用：

（1）棘手問題式。

（2）邀請函式。

（3）幕後祕辛式。

（4）以客為尊式。

（5）不給你買式。

這5種前導段落各自適用於不同狀況，依據你要透過文案銷售的東西不同，會有最適合使用的前導段落類型，只要挑對了前導段落，通常你就會發現後面的文案能一路順暢地寫下去。

接下來我們一起進一步了解這5種前導段落的類型：

（1）棘手問題式前導段落

使用這種前導段落時，你會在第一段文字中直接指出你的理想客戶正遭遇到的頭痛問題，例如我在《財富原動力》測驗的銷售文案中使用的前導段落是（見下頁圖）：

親愛的朋友：

在追求成功與創造財富的旅途上，不知你是否也曾經有這樣的感受......

- ✔ 明明已經很認真、很努力了，卻總覺得自己好像在爬上坡一樣，耗盡力氣卻看不到什麼進展？
- ✔ 也不是沒有投資錢與時間在學習......其實也已經投資了不少，但不知道為什麼，那些「大師」們教的方法，自己就是用不順、看不到效果？難道大師們講的是騙人的嗎？
- ✔ 好奇怪怎麼別人學了、用了同樣的方法，之後就一帆風順，一下子就創造出令人羡慕的成績，只有我沒辦法？難道是因為我沒那個命？
- ✔ 明明早就知道只要如何做就能成功，但就是提不起勁去做、沒有熱情，莫非我天生就沒有成功特質？

其實都不是！

真正的原因就在下面的影片裡，請看：

覺得成功好難？真正的原因是......

在我撰寫這篇文案時，針對的理想客戶群是那些很想要成功、也投資了很多心力和金錢在取得和成功有關的資訊，然而卻一直沒有得到成果的那群人。你可以看到我在這段文字裡列出了一些他們現在可能碰到的「棘手問題」。

如果有一個符合這樣條件的人，當他進入網頁，看到這些內容時，正因這是他目前碰到的狀況，他馬上就能知道這篇文案是為他而寫的。透過這個過程，可以篩選出有需要及沒有需要的人，讓有需要的人繼續往下看，而沒有需要的人會自己離開。

再看另外一個例子，這是我之前為我的《人生零阻力》課程所撰寫的文案的前導段落：

你想要內外在都零阻力的人生嗎？

Hi,

我是《零阻力的黃金人生》一書的作者、以及《失落的致富經典》、《和諧財富》《財富金鑰系統》24週自修課程的譯者許耀仁。

我想，你之所以會來到這個網站，應該是因為人生中有一些"阻力"存在吧？

☆也許是財務狀況一直不盡理想，使你無法去做你真正想做的事，而你嘗試過各種方式跳脫困境，卻總是看不到明顯的改善…

☆也許是你與朋友、親人或親密伴侶之間的關係一直不甚順遂，讓你無法感覺到愛人與被愛帶來的美好感受…

☆也許是你的身心健康頻出狀況，拖著你讓你無法全速前進、活出你想要的理想人生…

☆也許你該有的都有了、在想要些什麼別的時，它們也通常會輕鬆出現，但你心裡隱約覺得少了點什麼……

……我無法明確地知道你目前遭遇的人生阻力是什麼，但我可以清楚知道一件事：

你現在的感覺肯定不會太好受……特別是如果你已經透過各種管道想找個出路或答案——看書、上課、找"大師"幫忙...etc——人生卻仍不見改善時，那感覺更是……

我完全能體會，因為我也曾經歷過同樣的過程。

不過，讓我在這裡先做個預言：不管你覺得目前經驗的人生"阻力"有多大，短則三五個月、長則一兩年後，當你再回顧現在的這段人生經驗時，你會發現這是個祝福、你會由衷地感謝在你生命中曾有這些發生，因為就是因為有這些"阻力"的出現，才會讓你成為一個更好的版本的你……

但前提是：在此刻，你要先作個選擇，選擇是否要開始學習如何面對、接受並處理這些阻力。

我相信就是因為你的心裡早已做下選擇，而你的選擇讓下面這句話開始發揮作用：

學生準備好了，老師就會出現

所以，你才會找到並進入這個網站。

你可以看到在打星號的那幾行字當中，我同樣地直接指出我設定的理想客戶群目前可能碰到的「棘手問題」。

說到這裡，你也許已經發現到，如果你有紮紮實實地做好我在Part1提到的那60%的準備動作（尤其是**「Q4.你的銷售文案是寫給誰看的？」這個問題**），那麼現在要完成一個棘手問題式的前導段落就會變得非常簡單——你只需要看看你之前列出來的、你的理想客戶現在碰到的困難、挑戰或掙扎，然後挑出最讓他們頭痛的前幾名，把它一一列出來就行了。

（2）邀請函式前導段落

既然稱為「邀請函式」，就表示這種前導段落是開門見山地邀請理想客戶來參加活動或者取得某個好康的。

如果你目前的最大賣點是一個限時的超級優惠方案，那麼在撰寫銷售文案時，你就可以直接使用邀請函式前導段落，在第一段就直接指出重點，例如：

這篇文章的目的，是要邀請你參加一個可能是最後一次的《人生零阻力》課程的超級優惠方案……

（3）幕後祕辛式前導段落

幕後祕辛式的前導段落，指的是你在銷售文案的第一段中描述一些發生在背後、讀者可能不知道的，並可以有效引起讀者注意的事情。

舉例來說，假設你要寫追售信來銷售某個課程，那麼使用「幕後祕辛式」的前導段落可能會是這樣：

昨天半夜我突然從睡夢中驚醒，因為我夢到電子報的讀者沒報到這期課程，就寫E-mail來罵我， 所以……

（4）以客為尊式前導段落

這種前導段落的特色，是在銷售文案的第一個段落中強調「我在幫你考慮」、「這是為你好」、「這是專屬於你這種族群的訊息」等圍繞在「對方」身上的寫法。

例如：

☑「如果你曾對《人生零阻力》課程有興趣，但一直沒行動，那麼請務必讀完這篇文章，因為……」

☑「像你這種白手起家的創業者是一種非常特別的人種，你們……」

☑「我寫這封E-mail給你，是因為我確信你是我們一直在尋覓的人，那種會……（條件）……的人。」

（5）不給你買式前導段落

這種前導段落是起於一種叫做「Take-Away Selling」的銷售方式，我給它取了一個在白話名稱，叫做「不給你買銷售術」，這種銷售方式是建立在人類心理上的一種直覺反應：

我們會想要那些自己沒有、或是無法擁有的……

而且不只如此，我們多半對自己已經擁有的事物有某種程度上的不滿，永遠覺得外國的月亮比較圓、隔壁的房子比較大、別人的人生過得比自己好……諸如此類的（這也是為什麼你會看到很多人明明有手機、汽車、房子、甚至男女朋友，其實都好好的，但卻一天到晚在換新的）。

除此之外，我們也會特別想要那種別人想從我們手中拿走的東西——就算在這之前我們其實並沒那麼喜歡那件東西。

「不給你買」這種前導段落，運用的就是這樣的心理，而且使用得當的話，對於成交能產生非常大的幫助。例如，你可以這樣寫：

☑「這個機會不是每個人都適合，你有很大的機率根本不符合參與的最低門檻，不過，如果你……」

☑「說實在的，我不確定該不該告訴你這個方案，因為它可能遠遠超出你的預算……」

如前面所說，雖然我列出5種前導段落的類型，但並不代表你只能使用這5種方式來撰寫銷售文案的第一段（不過在初學銷售文案時，我還是強烈建議你先從這5種方式開始練習）。

在你熟悉這5種類型之後，就可以開始嘗試其他方式（如果有必要的話），以下是幾個關於撰寫前導段落的準則：

1.對你的理想客戶來說要足夠有趣、直接，而且最好有點戲劇化。

2.整個段落的篇幅要盡可能簡短一點。

3.段落中的詞句要簡潔有力。

4.盡可能使用「你」這個字來提升讀者的參與感。

5.撰寫時要像是你和讀者在一對一談話的感覺。

現在，請依照本篇的指引，試著為你的產品（服務）撰寫前導段落。

為你要銷售的產品（服務），依據這5種類型，至少寫下5段前導段落。

請接續前篇的練習，從你所撰寫的標題裡，挑出你最喜歡的一個標題（你直覺裡覺得最好的）。

接續標題，至少寫下3種不同形式的前導段落。

Desire：激發他（她）的渴望！

現在你已經成功地用「標題」吸引到理想客戶的注意，讓他繼續往下看第一段文字——「前導段落」，而且你的前導段落也成功引起他的興趣，讓他願意繼續往下閱讀了。現在，你得激發他對於你所銷售的產品（服務）與概念的渴望。

在這個階段，你的理想客戶只是有興趣，但基本上他完全不曉得你葫蘆裡到底要賣什麼藥，所以在接續前導段落的後續篇幅中，你可以做以下兩件事情：

1. 說明你提供的產品（服務），以及它可以如何解決問題或帶來好處

如果你的前導段落的重點是指出讀者頭痛或者該頭痛的地方（e.g.棘手問題式前導段落），那麼現在該是你把你的「止痛藥」：也就是你的產品（服務）拿出來的時候了。

在第一段結束之後，你就可以開始介紹你的產品（服務）是什麼、以及更重要的：它如何能解決你理想客戶的問題。

2. 說明你提供的特別方案（邀請函式、幕後祕辛式、不給你買式）

如果你的前導段落的重點是：告知對方這是個特別的邀請或通知，那麼你就可以直接告訴他你提供的特別方案是什麼。

而在撰寫產品／方案介紹的文字時，有一個非常重要的重點，那就是——

請務必幫讀者描繪畫面！

事實上這個重點不只適用於前導段落，而是整篇文案都要能

做出幫你的理想客戶描繪畫面的效果。

為什麼特別強調這一點？因為人類是用「圖像」，而非文字在思考的。

例如，當你聽到「台北101」這幾個字時，你心裡浮現的是台北101的文字，還是台北101的畫面？大多數人在聽到這幾個字的當下，心裡都會浮現台北101的大樓畫面。

所以，如果你的文字「只是文字」的話，讀者會很難從文字當中去連結你想要傳達的；反過來說，能帶來畫面的文字，將能讓你的銷售文案更具影響力。

小說也是一樣，如果研究一下暢銷小說，就會發現它們有個共通點是，在暢銷小說的書評中都會出現「文字有畫面」這樣的評語；而通常會被改編成電影的小說，也是因為它能做到「文字有畫面」的緣故。

所以，如果你希望自己的銷售文案能有最高的轉換率，那麼「能用文字描繪出畫面」便是非常值得你會追求的目標與磨練的本事。

在你寫出文字之後，試著去體會你的文字是否可以讓你的理想客戶群產生畫面。就如同我在前面「棘手問題式」的前導段落中舉的例子：「你是不是覺得成功好像在爬上坡，用了很大的力氣，卻得不到太大的進展？」

由於多數人都有爬上坡的經驗，因此當我的理想客戶讀到這個句子的時候，很快就能連結到爬上坡的感受——要很費力、爬了很久才往前進展一點點的那種疲憊感。

如果你的文字可以描繪出你所要傳達的畫面，那麼就能與你的理想顧客做到完全不同層次的溝通。

下一步：介紹你的提案

如果你有完成Part1的準備動作（特別是Q.14），那麼你現在手上應該已經有一個會讓理想客戶腦子裡想著：「推出這種方案，你真是瘋了！」或者是「如果我不買，那就是我瘋了！」的好康方案了。

在銷售文案進入「激發渴望」這個階段時，重點就是要用正確的順序，把你精心設計的好康方案呈現出來。

所以，接續你的前導段落，首先要做的就是描述你的產品（服務）能如何神奇地為理想客戶解決哪些問題、又能以何種特別的方式幫助理想客戶實現他的願望和夢想。

如果你在這部分有寫到位，成功地激發了理想客戶的渴望，那麼接下來就是開始「收網」的階段，你得開始提供他們在這個階段心裡會想知道的資訊、或者解答他們心裡會有的種種疑問。

提出你的好康方案的順序是這樣：

（1）導入價格議題。

（2）將價格合理化。

（3）以保證逆轉風險。

（4）提供超值贈禮增加誘因。

（1）導入價格議題

當我們想買一樣東西時，在某個時間點一定會問這個問題——「多少錢？」

你的理想客戶也是一樣。在你成功地吸引他的注意、引起他繼續讀你的銷售文案的興趣，並清楚地介紹你的產品（服務）能如何解決他的問題或滿足他的欲望，進而激發出他的渴望之後，「要花多少錢？」絕對會是他腦海裡的問題之一。

你得記住，銷售文案和面對面銷售不一樣的地方在於，不管你寫的銷售文案放在平面還是電子媒體，你的讀者們都沒有辦法直接問你問題，若他還有沒被解決的疑問時，購買的意願就會降低。因此，你得要代替他把這些問題問出來。

所以，當我要撰寫「導入價格議題」這個部分的時候，通常會直接把它寫出來，例如我可能會這麼寫：

☑「讀到這裡，你可能在想——那參加這個課程要花多少錢呢？」

☑「你可能正在想說：不知道這個方案需要投資多少錢……」

☑「也許你想知道要投資多少才能把＿＿＿＿帶回家……」

……然後你接續說明價格是多少。

通常我們在銷售文案裡都會在原價之外再提供一個「特別優惠價」，例如「原價是NT$12,000，現在只要NT$6,800」。

這裡要注意一點：不管你最終提出的價格數字是多少，永遠都要寫上「只要」，就算你賣的是索價2億的遊艇，還是20億的豪宅，都一樣要在前面加上「只要」。

不過當然並不是加上「只要」二字，你的理想客戶就會理所當然地覺得你的提案超級划算。讓你的理想客戶感覺他將得到的「價值」會遠遠高過他需要付出的「價格」，是你在通篇銷售文案中必須要念茲在茲的目標。這邊提供一個簡單的公式，可以套用在你提出價格時使用，讓你的「只要」二字更有說服力：

「如果……你會需要花……

但是現在你不必……

只要投資……，就可以得到……。」

例如：「如果你跟我之前一樣，只能透過自己研讀英文的書籍、課程來學習銷售文案，那麼你不只需要花八、九年的時間、投資數十萬學費，還得要能把這些英文的資訊轉換成在中文世界裡可以用的方法。但是現在你不用像我一樣耗費這麼多的時間、心力與金錢，只要投資NT$28,800，就可以得到……」

（2）將價格合理化

在你提出優惠價格的前後文裡，會需要提出你提供這個優惠方案的理由，才能強化這個優惠價格的可信度與吸引力。而將價格合理化的方式有兩種，一是「合理」的理由，二是「不合理」的理由。先來看一些合理理由的案例，例如下圖：

New Opportunities Of ONLINE Magnetic Marketing Examples: #7-4: How To Write Copy Online　　FROM YANIK SILVER

Ex. 1 - Reason Why

Hurry! Only ~~322~~ ~~247~~ 22 Seats Remain....This will SELL OUT!

You're cordially invited to...

"Yanik Silver's 30th Birthday Bash"

"I'm Turning The BIG Three-O and I've Decided to Host a Huge Blow Out Birthday Party and Customer Appreciation Event (where I'm footing the bill). Join me January 16th and 17th, 2004 in Warm and Sunny Orlando, Florida For What Will Be THE 'Internet Marketing' Party and Event of the Year!"

Here's Your Chance to Network with the Real "Players" Online, Dramatically Multiply Your New or Existing Internet Business and Discover the 'Hush-Hush' Secrets That Made Me Rich... All for FREE! (I swore up and down I wouldn't do this - but I have so many new moneymaking insights and important discoveries I've never shared anywhere else that I just couldn't keep them all to myself.)

Dear Internet friend,

Wow!! I can't believe I'm turning 30 .

It's the big "three-o" for me and I figured that's a darn good reason to throw a HUGE birthday celebration...I'm talking a mega blow out!

This spectacular **Customer Appreciation Celebration and 30th Birthday Bash** is going on January 16th and 17th, 2004 in Orlando, Florida. Trust, me it's going to be the biggest, most valuable, most extraordinary, "JUMBO" 2-day event you've ever attended (**and it's definitely guaranteed to be the most FUN!**).

And to the utter amazement of everyone who knows me - I've decided to make the whole thing absolutely FREE!...

That's right, this is my way to express my appreciation for the tremendous support my valued customers and subscribers have given me during my first years online...and I couldn't think of a better way than celebrating my birthday along with the people who made it possible for me to live the kind of life I do.

照片中這位男士叫做亞尼克．思爾弗（Yanik Silver），他是美國網路行銷界的知名人士，就我的觀察，他可說是業界最擅長做主題式行銷的大師了。

這張截圖是他的30歲生日，他那天辦了一整天的活動，邀請了五、六個在網路行銷界的知名講師。雖然號稱是生日派對，也確實有慶生的活動，但其實骨子裡就是一整天的銷售演講。「因為這天是我生日，為了慶祝，所以……」正屬於合理的理由。

之外，只要碰到節日的時候，都可以拿來當作提供特惠的理由，例如下圖：

"OOPS"
You missed out on my Ultimate Internet Copywriting Workshop – Don't miss out TWICE!

It's Spooky! You're Exactly One Ad, Web Site or Sales Letter Away From a Terrifying Fortune When You...

"DISCOVER HOW TO MASTER *THE* SHOCKINGLY SCARY SKILL THAT POURS MONEY INTO YOUR BANK ACCOUNT DAY & NIGHT...ALMOST LIKE MAGIC!"

Here's The Secret Formula For Creating More *Ghastly* Sales, More *Frightening* Profits, More *Monster* Wealth & More of ANYTHING Else You Could Ever Want... Using Nothing More Than Your Keyboard or a Pen

Listen to an audio message from Yanik "The Count" Silver

這個範例同樣是來自亞尼克・思爾弗，他在萬聖節的時候提供了一個特別方案。你可以看到他放了一張在萬聖節cosplay吸血鬼的照片，而且在標題使用看起來像是流血的字樣。

標題內文如下：

了解如何掌握像變魔術一樣，
從早到晚不斷地把錢倒入你銀行帳戶的可怕技術！

把「吸血鬼」、「嚇人」、「可怕」這些和萬聖節相關的概念都連結在一起，非常高明。

再來下圖這個範例是用「小Baby出生了」來當主題，以作為合理化特惠方案的理由：

除了這一類慶祝式的理由之外，還有

☑ 租約到期大拍賣。

☑ 我們把成本降低的部分回饋給客戶……

☑ 為了感謝你的快速回應……

☑ 因為你是我們的優良卡友……

……等等，也都是常見的合理理由，原則上只要在一般人的思考範疇中會認為合情合理就可以了。接下來，讓我們看幾個運用「不合理」理由的有趣案例，例如下圖：

I'm not sure what the problem is with our storage room looking like this - but my wife, Missy, sure thinks there is a big problem. Which means it is MY problem. So my problem is your opportunity to save big on some of our best-selling marketing products. Please help me clear out this room!

Help "Save Yanik's Marriage" SALE

Dear Internet Friend,

I need your help to put me back into good graces with my wife.

Last night when I heard the yelling from the basement I knew I was in trouble. Big trouble.

"Y - - A - - N - - I - - K!! Get down here NOW!"

你可以看到圖中的亞尼克．思爾弗很無奈地雙手一攤。這是他的網頁，他透過了上面這封E-mail，將讀者引導進入他的網頁。而E-mail中主要描述，他有一天聽到太太很大聲地喊他，從他過去的經驗看來肯定沒好事。

原來是他們有一間地下室，裡面堆滿了很多他們的教育資訊產品的退貨品與瑕疵品。他太太看到地下室亂七八糟，覺得非常不高興，威脅他：「如果你不把那些東西處理掉的話，我就要跟你離婚。」

為了解決這個問題，他決定要做一個「Save Yanik's Marriage」特惠活動。他在後面的銷售頁中表示，這些產品也許有點瑕疵，但都是可以正常使用的，如果你們不把這些買回去的話，我就得把它們給扔了，這又非常可惜；但如果不處理掉的話，老婆又要跟他離婚，所以才要進行一個特惠方案，將所有產品都打五折。

我在當時從頭到尾經歷了這個行銷過程，說實在地，要不是住在台灣，我大概也是掏錢來「拯救他的婚姻」的其中一位。

然而只要簡單想，就會知道事情應該沒這麼嚴重，他只是拿來借題發揮而已。不過在研究此類案例時，我們總是可以學習到很多東西，以亞尼克．思爾弗的這幾個案例來說，你會發現他非常擅長運用這種連結到每個人可能都會有的共通經驗，而當銷售文案中的敘述與我們的生命經驗可以產生連結與共鳴時，溝通也就能達到更有深度的層次。

接下來是一個發生在我身上的真實案例（見右圖）：

商品　　新增商品

被棒叫啦！！雞腿彌月油飯出清特賣，每個原價250現在只要120 出清價，120變111啦，目前剩9盒 修改

全部商品　商品發問討論

價格：111 元

原價：~~250 元~~

類別：美食 > 小吃特產 > 粽子油飯

限量：售完

各位網友大家好～

我們家冠強油飯由於剛開始做生意，前陣子識人不明+遇人不淑的之下，被客戶放鴿子了，結果之前特別依人客要求特製的一批100個羊味雞腿彌月油飯變成無主油飯了。(沒收訂金的關係)

由於我們冠強是很注重口碑信譽的，所以我們也不能就把這批油飯藏起來等下一個訂購彌月油飯的客戶；同時，為了讓冠強生意還能繼續做下去，我們希望能至少回收一點成本，所以原價250的雞腿彌月油飯，現在只要賠本價120就賣囉～～

P.S. 大家都知道食物都有賞味期限的，所以請有意開團的主購務必在下週四(11/26)前結團喔

P.P.S 郵資另計，一次買一打的話，我們再含淚送郵資啦

（一打=12盒 just in case你不知道的話）

================ 我 是 分 隔 線 =================

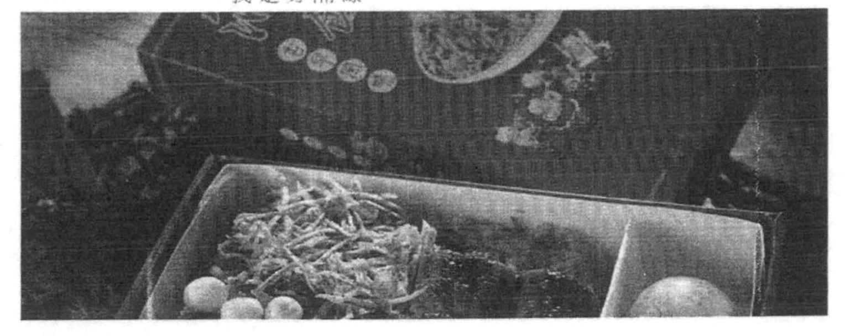

有一年家人做油飯的生意，製作了200盒的彌月油飯，沒想到最後卻被跑單了，其中的100盒捐給家扶基金會，另外一百盒就打算寫篇簡單的文案丟到網站上去賣賣看。

在內文中可以看到，我先簡單地說明了來龍去脈，包括發生了什麼事、原價是多少、以及因為什麼緣故，所以現在用特價求售。

而左上角的圖還有個小插曲。

當時我太太把文案放上去時，原本設定使用的是油飯的商業攝影照片，但是我看到之後就跟她說：「把那張圖換掉，在網路上找一張比中指的圖片放上去。」

她原本很猶豫，但在我問她說：「那這兩百盒油飯被放鴿子，妳覺得幹不幹？」之後，她還是換了這張底下寫著「真的，好幹好幹」的圖片。

結果，新文案放上去之後不到兩天，我們設定的100盒油飯就已經全部完售。

此外，還有個有趣的插曲：在油飯全部完售之後的幾天裡，還是會有網友打電話來說想訂油飯，當我太太和他們說已經全部賣完時，有好幾位網友居然還這麼說：「應該還有吧～你們這個應該只是行銷手法吧～～。」

我常在課程上開玩笑說，這也許就是行銷人的悲哀——當你說的是100%的真話時，還是會被人當成是行銷手法來看待。

總之，請務必記得，無論你銷售的產品（服務）要價多少、無論你現在提供的優惠方案是什麼，你都必須給它一個理由來回答理想客戶腦袋裡的那一個可能沒說出來的疑問。

接下來，請試著寫下你的「價格合理化」段落。

請為你的產品（服務）寫下價格合理化的段落：

（3）以「保證」逆轉風險

在導入價格議題時做價格合理化之後，第三個階段我們要開始說明方案中將提供什麼樣的保證，以這樣的方式來做到「逆轉風險」。

所謂「逆轉風險」的意思，就是把原本需要由消費者承擔的風險（例如買貴、買錯、買了之後沒有效果等等），逆轉到自己的身上。同樣地，如果你有確實完成Part1的準備工作（Q.11），那麼你現在應該已經知道要提供的什麼保證了。

在這裡，我額外提供5個確認方向，可以用來檢視你所提出的保證是否足夠強大：

（1）保證時間夠長

關於保證有一個基本原則，那就是保證期限越長越好。例如：30天滿意保證會比7天滿意保證更有效、1年滿意保證會比3個月滿意保證更容易讓理想客戶失心瘋。

除此之外，還有個心理因素是，保證的期限越短，消費者在購買了之後，心裡會掛著「期限內要決定是否把東西留下來」這件事，而導致退貨率往往因此增加（甚至因為這會讓他多一件事要煩惱，乾脆不買）；反過來說，保證的期限越長，消費者就會覺得「還有很多時間可以考慮」，到最後可能就忘了有這回事。

不過，一般來說我並不建議提供終身保證，因為這種保證容易造成不可預期的財務風險（你永遠無法排除是否有人在買了三、五年之後才跑出來跟你說要退款的這種可能性）。

在此之外，你的產品（服務）該提供何種期限的保證，其實並沒有一定的標準，建議你可以測試不同的保證期限對於成交轉換的影響，以此決定要提供的保證期限長短。

（2）最好沒有條件

如果希望自己提供的保證能達到最高的「逆轉風險」效果，讓理想客戶因此願意做出購買決定，那麼「無條件保證」的力量絕對優於「有條件保證」。

例如，你可以用消費者的角度來比較以下兩者：

A：「如果你把這套課程買回去之後沒有產生效果，那麼只要把課程退回來，並提供你有依照課程中的指示採取行動、卻沒有得到成果的證明，我們就會把課程款項100%退還給你。」

B：「90天之內，不論任何理由，若你對課程內容有任何不滿意之處，只要和我們說一聲，我們就會將課程款項100%退還給你。」

絕大多數消費者都會認為B這個方案比較有吸引力。

（3）清楚說明保證內容

在保證的內容當中，要避免使用任何會讓消費者難以理解或誤解的文字，務必要把保證的範圍與條件說明清楚。

如果你要提供保證，在銷售文案裡也不斷地對消費者強調他不會有任何風險，但他最後才發現原來要退款需要符合一大堆條件，那反而會產生反效果，最後導致出現了一些不滿的客戶。

（4）讓保證顯眼易讀

保證對於促使成交來說是非常重要的一個段落，所以不要讓它埋沒在文字裡，你可以用一些圖形來強調，或者把這個段落特別隔開，做得顯眼易讀是你的重點。

（5）盡可能大方一點

你會希望當人們看到你提供的保證時，會有種「不公平」的感覺，不過，是認為方案對賣方（也就是你）來說很不公平。如果你能讓讀者在看到你的方案時，心裡會想：「哇～這個人是瘋了嗎？要是有人真的把東西買回去用一用，然後期限之內又拿來退款，他們不就虧死了？」那這通常表示你的保證有做到位。

也許你會想，如果提供了保證是不是會吸引來更多「奧客」？但其實你可以換個角度思考，現在不管是知名的網路購物商城、電視購物頻道等等，都有針對他們的產品（服務）提供各類的保證，例如「24小時內送達，否則送折價券」、「7天鑑賞期，不滿意無條件退貨」等等，從營業額來看，事實證明提供這樣的保證並沒有讓商家生存不下去，反而讓他們活得更好。

如果你有在這些通路購物的經驗，也可以回想一下自己在這些網路商城和電視購物上買的東西裡總共退貨了幾件？一般其實很少、甚至沒有。即使不是每一件你都很喜歡，有時候買錯了、買貴了，但你卻沒有退，這是為什麼？除了退貨很麻煩之外，還有一點很重要的心理因素是，從你下了訂單、付了款、收到商品的那一刻起，你在心裡的某個角落已經覺得這東西「是我的」了。所以，即便你覺得有一點瑕疵或和原來想的不一樣，但還是會說服自己接受。

這正是為何商家會一直提供這樣的保證的緣故，因為成本和利益上算起來是賺錢的，因為提供了保證而增加了20個原本不會買的人，當中也許會有2個人退費，但最後仍然是划算的。整體來說，提供保證絕對是利大於弊。

當然也會有存心就是要來占便宜的人，這些人即使對你的產品（服務）沒有不滿意，但在享用完之後還是會來和你要求退費，但一般來說碰到這種人的機率並不高。

那麼當這種「奧客」出現時該怎麼處理呢？第一是你當然得說話算話，把錢退給他。不過在這之後，你可以考慮建立一個「黑名單」，在未來直接拒絕他的消費。

另外一個做法是在這類狀況發生時，你可以反過來當成是一個宣傳的機會。例如可以寫個E-mail或文章來敘述發生了這樣的事情，但是你還是遵守承諾退費給對方。如此一來，就可以順勢對你的理想客戶強化你個人說到做到的印象。

關於提供保證，「確保說到要能做到」是你在把文案丟出去之前，必須要特別注意的三件事之一。如果有客戶來要求你去兌現承諾時，你沒有打算實現承諾，或者是沒有把握能實現承諾的話，那麼建議一開始你就不要提供這樣的保證。

第二點是，在推出大規模的保證方案之前，你應該先做小規模的測試，了解在一般情況下退款率的高低，透過這樣的方式有效地將你提供滿意保證的風險降低。

除此之外，由於會發生要求退貨或退款的原因通常在於消費者在把產品買回去或者體驗完服務之後，認為與他們的原先期待不符。因此，如果要將退款率降低在一定程度，你就得在銷售文案裡管理好消費者對於你的產品（服務）的期待。

記得：高明的文案寫手能在讀者的腦海中描繪出美好的圖像，但最高明的文案寫手不只能做到這點，更能確保這個圖像與現實之間不會有太大的落差！

P.S.下頁有「保證」在網頁的銷售文案上的呈現範例，提供參考。

還在考慮？

Hmm...我想也許是因為你還是會擔心「如果花了錢但聽到的東西不夠好，那怎麼辦...」吧？

由於我非常肯定我在《零阻力行銷》工作坊中傳遞的資訊，一定會讓你大開眼界，我教授的各種技巧，也絕對會讓你聽了之後覺得值回票價，而且如果你有認真學、認真用，一定很快就可以把學費賺很多、很多倍回來，所以為了幫助你做個決定給你自己一個機會來學到這套系統，我決定再提供一個瘋狂的保證：

上完第一天課程，如果你因為任何因素不滿意，我就把你繳交的費用100%全額退給你，不會跟你囉嗦任何事。

為免口說無憑，我用寫的：

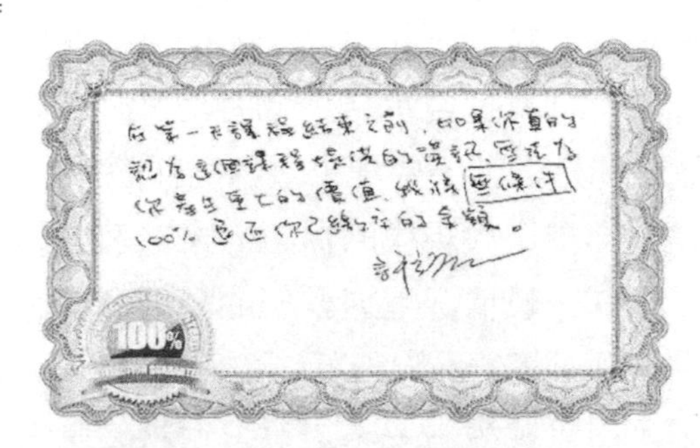

這表示什麼？表示......

報名參加這個工作坊，你沒有任何風險！

立刻報名

"光是前三個小時的內容就值回票價！"

"我在課程結束的24小時之內，就完成了一篇覺得寫得還不錯的長文案，也立即讓它上線了.......這個課程教的觀念還有工具面都是直接可以實作的東西。

......實際用了這個系統，能幫助讓我的工作流程減輕、實際上也能看到效果；才用了課程裡的20%，就已經讓我覺得(工作)可以更輕易......"

請試著寫下你這篇銷售文案的「保證」段落。

附帶一提：任何行銷方案的設計都要考慮到市場的現狀。假設目前你的市場還沒有人在提供任何形式的保證，那麼這時候只要你有提供保證，那麼你的亮點就出來了，不一定要一次到位地提供最極端的保證（當然，如果你是要透過這種方式來提高競爭者的進入門檻，那又是另外一回事了）。

不過，當市場上大家都有提供保證時，像我在Part1裡提到的，你會有兩條路可以走：第一，是提供比別人更多的保證（例如別人都提供3個月保證，那我就提供6個月保證；別人都提供10年保證，那我就提供終身保證）。

例如，我在一開始開設《磁力文案》工作坊的時候，就沒有提供100%的無條件滿意保證，而是提供「聽完第一天內容之後，如果覺得沒有學到東西，就100%退款給你」的保證。之所以這麼做，是因為我判斷當時台灣的教育培訓市場，並沒有到需要進行割喉戰的必要。

不過如果是在國外，那就不一樣了。在美國的話，整個教育培訓市場競爭之激烈，讓有些老師甚至會提供「如果你對課程不滿意，除了退還2倍的金額給你之外，再額外退還你來上課的交通費、住宿費作為補償」這種程度的保證。

總之，有句話說「在盲人的國度裡，有一隻眼睛看得見的人就能稱王。」所以很多時候你並不需要第一時間就提供最極端的保證，如何保留一些子彈打後面的仗，是長期策略上你必須要去思考的重點。因此，行銷策略不是看別人怎麼做就怎麼做，而是要評估你目前的市場是否已經到了需要這麼做的階段。我在課堂上常會說：「如果只要美工刀就可以搞定，就不需要出到大關刀。」

第二，另外一個你也會需要考量的方向，就是你的市場的消費者整體素質如何。比較起來，你在美國市場會很容易看到那種很驚人的、讓你會覺得「提出這種保證，他瘋了嗎？」的方案，這和他們那邊的消費者素質整體較高，少有那種逮到機會就想占人便宜的人當然有直接的關聯；以台灣來說，整體而言現在的消費者素質比起十年前高了許多，所以在規劃保證時，你可以考慮提供更誘人的條款，來提高你的方案的吸引力。

而另外一種是，當每個人都提供了保證的情況之下，你還能凸顯在眾多選擇之中的方法是：

反其道而行：「不保證」

當市場上的保證已經殺到見骨的時候，你除了跟隨、除了加碼之外，還有另外一個選擇，那就是——反其道而行，選擇「不保證」來脫離戰場。

所謂的「不保證」就是當讀者也期待你接下來是否要提出保證來逆轉風險的時候，你反而出其不意地告訴他，你並不提供保證。

例如：「讀到這裡，你可能開始在想這個課程會提供什麼樣的保證？如果不滿意可以退錢嗎？但很抱歉，我不提供任何保證。因為我對我的課程太有信心了！如果上完課之後，沒有產生我告訴你會出現的成果的話，肯定是因為你沒有採取行動，而不是課程內容的問題。所以我不提供任何保證。」

你可以感覺到，要使用「不保證」這一招，會需要對自己的產品（服務）有120%的信心，以及一顆夠強壯的心臟。

此外，在規劃保證時也要考慮自己的「耐受度」。你可以自問自己能容忍的滿意保證程度是多少？當這個人這樣退費之後，你的心情如何？例如，假設有人真的在聽完兩天的內容之後，跑來跟你說他覺得沒收穫、想要退費，如果你會因此覺得很火大，那就不要提供這樣的保證來自找麻煩。

對我來說，如果聽了一天的課程之後決定要退費，我可以接受，至少我還有一天的內容，你沒有占便宜太多，這是針對我的脾氣來做設計，因為你的事業是達成你理想人生的工具，不該是替你找麻煩或是讓你血壓常氣到升高的麻煩製造者。

所以，不一定別人怎麼做你就得怎麼做，多考量自己的狀況，設計最適合的保證方案，才是最好的。

（4）提供超值贈禮增加誘因

在導入價格議題上，我們做了「價格合理化」、「提供保證」來逆轉風險之後，接下來我們要說明方案中包含哪些「超值贈禮」可以增加誘因來吸引理想客戶購買。

從一開始導入價格議題時，我們告訴讀者：「因為某些原因，如果你本來要自己花時間、花心力、花錢去取得這個產品（服務），你會需要多大的成本。但是現在基於什麼原因，我給你一個特別的方案，只要OO元。你可能現在沒辦法做決定，但是我要告訴你的是，你其實沒有任何風險！因為針對這個產品（服務）我們提供1個月（或7天）的不滿意保證，所以你拿回去用了之後，如果你在這個期限之內有任何不滿意的地方，你都可以將它退回來。所以再次提醒你，做這個嘗試你完全沒有風險，給自己一個機會去取得這個產品（服務），讓自己達成自己的理想或目標吧。」

在我們把風險移除掉之後，接下來要做的就是「加碼」的動作。

在銷售文案中，這個段落可能如下列所示：

「還做不了決定嗎？好吧，如果你能現在就訂購這個產品（服務），投資自己的未來，我們還會額外再贈送你三個好禮：

第一好禮是……第二好禮是……第三好禮是……」

如果你有確實完成Part1的準備工作（Q.12），你應該已經列出要提供的超值贈禮有哪些了，現在就只要將它用文字描述出來即可。

要提醒你的是，如果你希望「超值贈禮」能達到你要的效果，**那麼每一個超值贈禮你都應該要花同樣的心力去「賣」它**。例如你有三個超值贈禮，那麼事實上你可以為每一個贈品都走一次銷售文案的整個流程（有什麼特色／優勢，能帶來什麼好處……等等）。當然超值贈禮的文案篇幅會比你的主產品文案要來得短一些，但只要你這麼做，就能成功塑造出贈品的價值，將非常有助於達成「讓消費者感覺自己所得到的價值遠超出自己付出的價格」這件事。

在下頁中，你可以看到「超值贈禮」在銷售頁面中的呈現範例，提供參考。

★超值贈禮範例「財富金鑰系統」★

己喜歡的去做」的機會，可以真正打好必要的基礎。

有很多人很努力追求成功之道，他們讀了很多書、上了很多課程，但卻仍然沒辦法得到理想的成功境界。歸納起來，我認為「資訊超載因而不知從何著手」與「只挑自己喜歡的做」這兩個往往是最主要的原因。

而《財富金鑰系統》就可以解決這些問題。

因此，我決定繼《失落的世紀致富經典》之後，再將《財富金鑰系統》全數翻譯成中文，推廣到華文世界。所以現在...

你也可以親身體驗這部成功密笈的威力！

《財富金鑰系統》在70多年前謎一般地消失，又在30多年前謎一般地出現；然而一直沒有改變的是：總是只有一小撮人能一窺《財富金鑰系統》的奧妙。

將近100年前，只有願意且有能力一次付出一般人2年薪水的人，才能得到《財富金鑰系統》中的秘密；70年前，《財富金鑰系統》被禁，就算有錢都沒辦法得到這秘密；20~30年前，只有少數菁英如矽谷的創業家們才能接觸到這部偉大的成功密笈...但現在，只要你願意，就可以開始讓《財富金鑰系統》幫助你掌握成功的秘密。

在我決定要翻譯《財富金鑰系統》的同時，也決定了要完全原版重現當年的《財富金鑰系統》課程。

所以在你開始進行《財富金鑰系統》課程之後，也會每週收到一份當週的課文進度以及實作練習的指引，你也必須每天至少研讀一次當週課文，並每天至少做當週實作練習15~30分鐘...一切都會依照100年前的相同方式來進行（如右圖），你將獲得與當時要求Charles Haanel教他們成功之道的那批企業家菁英一樣的服務😊。

原版《The Master Key System》課程的學生指南(點選可看大圖)

不只如此，為了更進一步提高你在進行課程時的吸收度與成效，我還將另外附上幾樣東西：

三大超級贈禮免費送！

Super Bonus #1:

《財富金鑰系統》24週實戰手冊

(價值NT$4,800)

這套實戰手冊是採用與《財富金鑰系統》同樣的設計概念：分為24個部分，每週內容都是架構於前一週之上，由簡入繁、由淺入深，內容包括：

- 當週《財富金鑰系統》課文的精要解析與補充說明 — 幫助你真正掌握課文中亙古不變的成功智慧。
- 多種經過多年驗證的實作練習法 — 這些練習會要求你做些關於心靈上的鍛鍊、深度探索你的內在世界，或是要你思考並寫下一些攸關你的人生的重要問題。這些練習將幫助你完全釐清人生方向，搞清楚你真正要什麼，你也將在這個過程中往你的「成功」境界邁進。

每週的實戰手冊會跟著《財富金鑰系統》主課程寄到你家信箱裡，只要每天確實研讀課文、做課文中指示的實作練習，再搭配上實戰手冊的補充內容與練習，你很快就能掌握那些掌管「成功」的宇宙法則，讓你不管各個方面都心想事成！

Super Bonus #2:

《財富金鑰系統》中文有聲書CD+MP3

(價值NT$7,200)

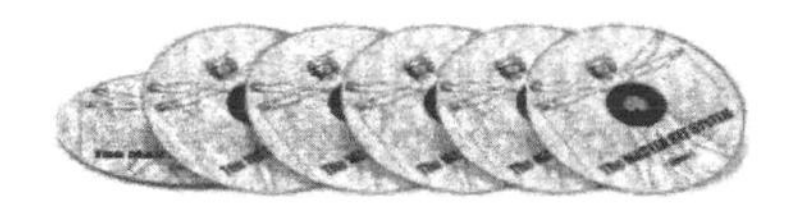

《財富金鑰系統》有聲書對你學習與掌握課程中的智慧將有非常大的幫助，因為：

可以運用多重感官來學習，發揮最大效果 — 根據心理學家研究，在學習任何事物時，運用的感官越多，就越能保存學到的知識。除了用眼睛閱讀之外，再加上用耳朵聽，將可以更進一步刺激你心靈創造力的發揮。

「閱讀」與「聽講」並行，兩種學習方法的優缺點彼此互補 — 以閱讀方式學習，好處是能記憶得更久，但缺點是人對透過眼睛接收到的資訊比較容易懷疑與保留；而透過聽講方式學習，好處是容易接受所收到的資訊，但缺點則是容易忘記。課文+有聲書的搭配將能使兩種學習方式互補有無，達到最高的學習效果。

只要你現在就開始註冊《財富金鑰系統》24週自修課程，就可以免費在課程進行期間，每週收到當週《財富金鑰系統》課文的有聲書CD一片，裡面包含MP3格式的檔案。在不方便閱讀的場合，你就可以使用CD Player或MP3隨身聽，反覆吸收《財富金鑰系統》每一課裡的智慧。（P.S.這可是100年前Charles Haanel沒辦法提供的東西☺）

Super Bonus #3:

"1911年出版，消失近百年的致富經典"～《失落的世紀致富經典》

(價值NT$230)

這本書原名Science of Getting Rich，作者是Wallace D. Wattles。

在1911年出版的《失落的致富經典》，已經被列為50大成功學經典之一。近百年來已經幫助無數人改變他們的一生，現在您也有機會一窺其中奧秘。

閱讀《失落的致富經典》後，您將能瞭解：

- 組成成功公式的五大要素
- 造成一個人富有與貧窮的關鍵因素，以及你要如何才能跟有錢人一樣行動

試著撰寫銷售文案中的各項「超值贈禮」介紹文案。

Conviction：提供證明以堅定信心

現在你已經成功透過標題吸引到你的理想顧客的注意，並透過前導段落讓他對你的提案產生興趣、願意繼續往下閱讀，在後續的段落中，你也成功地讓他了解你的產品（服務）能如何幫助他解決自己正面對到的棘手問題，或者想實現卻一直未能實現的理想……

你會提出優惠提案的內容與價格，並告訴他，你是基於什麼原因才會提供這麼瘋狂的優惠方案。

你會告訴他方案中包含了滿意保證，所以他完全沒有風險，可以放心嘗試你提供的解決方案。

你也已經告訴他，如果現在做決定，那麼除了你原本要提供的產品（服務）之外，他還能額外獲得好幾項同樣有助於實現理想或解決問題，且具有相當高價值的東西。

現在，我們要再讓他知道自己並不是「白老鼠」，在他之前已經有其他人接受過這個提案，並且已經在這個產品（服務）的幫助之下，現在過著幸福快樂的日子。

這就是我們在「提供證明以堅定信心」這一篇要做到的事。

還是那句老話，如果你有確實完成Part1的準備工作的話（Q7. 有哪些相關的事實／證據能佐證你的產品（服務）的功效？）那麼你現在手邊應該已經有一些、或者至少也開始著手蒐集產品（服務）的相關證明了，你只要把它整理、編輯，然後寫在你的銷售文案裡就可以了。

而關於這些證明在銷售文案裡的呈現方式，我要提醒的一點在於，不是因為我們先前提出的架構是「AIDCA」，就代表「C」（堅定信心）一定得接續在「D」（激發渴望）後面。

事實上，「證明」可以出現在任何需要強化或佐證的區塊。例如，你在前面的文字中有提到產品（服務）的某個「好處」，此時如果在附近補上和這個好處相關的見證，就可以強化此好處的效果。

舉例來說，你在銷售文案中提到「使用某某健身器材，只要90天，就可以從鮪魚肚變成人魚線。」此時，如果你能在下面補充一個這樣的見證：

「我買這個產品前也是半信半疑，因為哪有可能90天就從鮪魚肚變成有人魚線，我覺得這一定是騙人的，但是買回來後，我真的不到三個月就有人魚線了！」

像這樣運用見證或證明，除了能立即佐證你所提出的好處是真的之外，還解決了可能出現的反對意見。

或者在「價格合理化」的部分，你可能會描述：「你要自己研究，取得這樣的服務會需要花費……但是現在只要投資……就可以……」如果此時你能在文章後加上下面這樣的見證：

「當我看到這產品時，我覺得真的太划算了，我之前為了取得這樣的產品（服務）花了很多的心力、時間與金錢，可是還是一直找不到很好的解決方法。沒想到來上了這個課程之後，把我過去看過的那些資訊全部做了一個很完整的整合，而我只花了這樣少少的錢，而且才投資了短短2天的時間，我就完全瞭解了，真是太值得了！」

這個例子也同樣能直接佐證你的說法，並且排除了可能的反對意見。

總之，見證可以放在文案中的任何位置，不見得一定要在「激發渴望」的段落後面。放的位置如果得當，也會讓你提供的各項證明產生更大的影響力。

另外，在這邊要再次強調**見證不是有就好、也不是越多越好**。你要的是能明確傳達產品（服務）的某個好處，或者解決某個反對意見的見證。

同時，見證的內容越明確越好，你不會想要閱讀那種像「這產品真是太棒了」之類的空泛見證。記得，有清楚的數字就更好了，例如：

☑「在我上完課之後，一年內讓公司的營收成長了240%。」

☑「在我上完課之後，在6個月內獲得了NT$230,400的額外收入。」

☑「在使用了這個產品之後，才短短27天，我的體脂肪就從25.2%降低到14.1%！」

當見證越明確，可信度就越高。因此，要盡可能地去取得，並在你的文案中提供這樣的見證。

但要提醒你，所有的見證都必須是真的，千萬不要造假或者虛報，記得生意是要做長久的，如果你目前還沒有辦法提供像這樣的見證，那麼寧可不放見證，也絕對不要放假見證。

而除了見證之外，另一種常見也非常有效的證明就是「使用前／使用後」。如右圖，這就是一個非常有名的健身相關事業的「使用前／使用後」集錦，這個案例可說是「一圖勝千言」這句話的最佳詮釋了——當這堆照片一秀出來，大概也不需要解釋太多，就能馬上吸引到想要改變自己身材的族群了。

接著是我在「財富金鑰系統」的銷售文案中所使用的「名人見證」（見下頁圖）。第一個出現的是「成功學之父」拿破崙．希爾（Napoleon Hill），在這邊我以一般人有聽過的名人為優先，而針對沒有聽過的名人則提供一些背景介紹來強化他們的可信度：

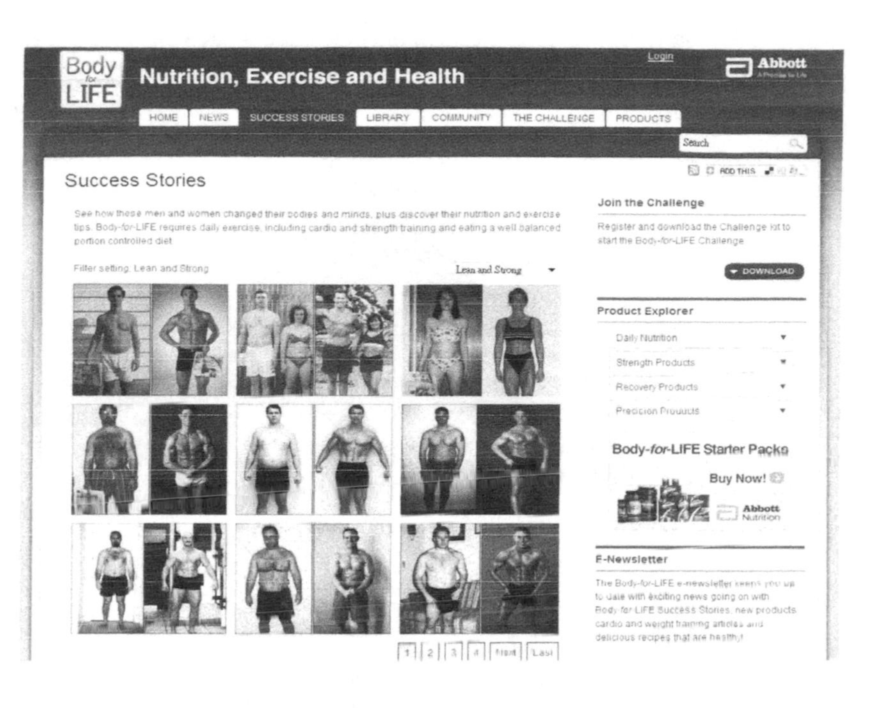

"...At first I was very skeptical that he could help us but I took a chance and was absolutely amazed at the results. We went from $1,200 a month to our highest month of $44,000 online in just 5 months. Yanik recommended we host "The Ultimate Energy Healing Enterprise Boot Camp" Thanks to his sales letter training we filled our Boot Camp, all 90 spaces (10 more than we wanted), in less than 3 weeks...And, we have only ever written one sales letter to date for this one event!. The crazy thing is we have only had time to apply about 20% of what he has taught us!"

- Carol Tuttle, Author, "Remembering Wholeness", CarolTuttle.com

[Update: Carol's business has eclipsed the 7-figure mark.]

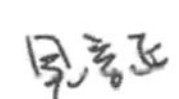

"Just to let you know I grossed 70k in the last 45 days. Now I am a bit tired and will take a rest for a while but it has been amazing 45 days for me grossing 70k in just 45 days. Your seminar was a real eye-opener. Truly amazing....Once again thanks Yanik, and if there is anything I can do for you let me know. I owe you a lot simply because your seminar gave me the option to exercise financial freedom."

- A. "Vish" Vishwanath, Mumbai, India *(Selling SAP Software instruction)*

[Update: Vish has now hit over $450,000.00]

"I came across from the UK for the event knowing nothing about 'Information Marketing'...I want you to know just how bloody useful the whole thing was. I'm very grateful to you for putting it all together. Within five weeks of the event I had launched my first product. Within nine months of the event, using the techniques and tips that I learned...I have generated well over one million dollars in sales from that single product. It has been incredible. All this with no previous experience ...I've closed down my 'old' business, changed my entire way of life, and am having so much fun..."

「成功學之父」拿破崙希爾將其事業成就歸功於《財富金鑰系統》

"我能獲得現今的成就...極大部分要歸功於您在
《財富金鑰系統》中的教導。"

如果您對「成功」這件事有興趣，那麼必然讀過或至少聽過《思考致富聖經(Think and Grow Rich)》這本書。作者拿破崙希爾受當代最成功的企業家之一：鋼鐵大王安德魯・卡內基之託，用盡一生心力研究成功人士的共通特質，他的諸多著作都被視為成功學經典，而他自己也被譽為是「成功學之父」。

拿破崙希爾在1919年4月21日寫了下面這封信給 Charles Hannel，而拿破崙希爾直到18年後才寫下他的《思考致富聖經》。

親愛的Hannel先生：

您也許已由我的秘書寄送給您的《Golden Rule》一月號中，得知在我22年前開始職業生涯時，只是一個每日工資只有一美金的礦工。

而最近，一家年營業額千萬美金的企業以105,200美金的年薪網羅我；這份工作只需要我投入一小部分的時間，同時他們已同意讓我能繼續擔任《Golden Rule》的編輯。

我向來相信應該把榮耀還給應得之人，因此我認為應讓您知道，我能獲得現今的成就與先前擔任「拿破崙・希爾機構」總裁時的成績，極大部分要歸功於您在《財富金鑰系統》中的教導。

您成功地幫助人們瞭解，只要是人能在想像中創造出來的，沒有什麼是不能實現的，而我的切身經驗也證明了這一點。

我將盡力協助，讓眾多亟需您這寶貴訊息的群眾都能認識此課程。

Napoleon Hill

《Golden Rule》總編輯
1919年4月21日於伊利諾州芝加哥市

拿破崙希爾運用《財富金鑰系統》中的教導，使他能以他的一小部分時間就賺得105,200美金的年收入 — 請注意，在那個時代一般人的平均年收入（全職工作）僅有750美金！

再看看一些當代各界成功人士對《財富金鑰系統》的看法：

Orison Swett Marden
(1850-1924)

當代成功學大師、
《Success》雜誌創辦人
著有《最偉大的勵志書》等眾多成功經典

"　…這世界需要能喚醒、鼓舞整個世界的人，這樣的人重要性更甚於其他一切，而您更是其中翹楚。

《財富金鑰系統》不僅能喚醒一個人，同時增添其力量，使其企圖心不至萎靡。

《財富金鑰系統》使人不會滿足於不足的成就、貧乏的生活、如行屍走肉般的生命，使人在明瞭自己能攀登高峰時，不再願意屈就於平地。

Phillip Brooks曾說過，任何一個人只要略為瞭解其人生的龐大可能，就不可能願意繼續過目前的生活。

上過您的《財富金鑰系統》課程的人都瞭解到其人生的龐大可能性，並且被激起實現那更大可能的企圖心。只要完成課程，每個人都獲得新的勇氣、新的衝動、新的決心，積極想要再更認真地追求更好的人生，或是去做些比他過往人生完成過的一切都更偉大的事情。

在經歷了《財富金鑰系統》中這些喚醒人類心靈的課程、瞭解了新規律所帶來的可能性之後，沒有人會願意再回到舊次序之中。

我相信每個人在完成《財富金鑰系統》之後，人生各個領域都一定能得到大幅度的提昇，且其效果將能永續。就我個人來說，雖然很多東西不能用錢來衡量，不過如果不是除了金錢之外還能得到其他好處，我也不會願意花上千美金來投資這套課程。"

- Orison Swett Marden

Arthur E. Stillwell
(1859-1928)

美國鐵路大亨、
《Live and Grow Young》、
《The Great Plan》、**《The Light That Never Failed》**等書作者

如何收集見證？

那麼要如何才能蒐集或取得高品質的見證呢？

第一件事情是，你的產品（服務）要先能夠賣出去。至少你要有一個客戶，並且好好地服務這個客戶。記得在銷售出去之後，一定要和他索取見證。大部分滿意的客戶，如果你跟他開口，他不會不給你，除非你的服務真的很爛；如果他不給，代表你的服務真的需要再加強。

此外，你要設計一個取得見證的固定程序，讓你在每一次服務之後，都會記得和你的客戶要求見證。如果長期這麼做，這個見證資料庫將會成為很有價值的資產。

記得，不管你要推廣的產品（服務）是什麼，在你的銷售文案裡都必須要提供見證，而蒐集見證的最好方法就是「開口要」。

而如果有人主動跟你分享感想時，記得請他寫下來。例如，當有人和你說：「嘿，我跟你講，我跟你買的那個產品回去用真的很有效。」這時候你可以說：「謝謝，可不可以幫我寫個見證。」或者是你也可以自己寫下來，請對方看一下是否可以授權給你使用，千萬不要聽過就算了！

永遠要記得，你的讀者裡有不少是一時之間做不了決定的消費者，他們想要知道有沒有人在用了這個產品（服務）之後得到你宣稱的好處，如果此時你能提供對應的見證，就可以協助他們做出正確的決定。

為你的產品（服務）寫下提供滿意客戶做見證的段落：

Action：促使對方儘速行動！

在銷售文案的最後部分、也是最重要的關鍵，便是「促使行動」。你必須在銷售文案的這個區塊提出「行動的召喚」（Call to Action）來要求你的理想客戶採取行動。

如果你認為消費者都很聰明、勤奮，你只要在銷售網頁上放上一個「立刻購買」按鈕，或者在銷售信、文宣裡附上訂購單和專線電話，他們就會主動採取行動，願意花時間和心力弄清楚要怎麼做才能和你買東西的話，那你可就大錯特錯了。

要記得，消費者通常都很忙、很懶、只要一有「好麻煩～」的想法，他們就會選擇不買。如果你希望他（她）採取行動，那麼你就得要：

1. 告訴他該是採取行動的時候了

例如：

☑ 如果你想要在夏天來臨之前消除肚皮上的脂肪，擁有讓人嫉妒的人魚線和六塊腹肌，那現在該是你採取行動的時候了！

2. 告訴他接下來要採取什麼行動

例如：

☑ 立刻就撥打我們的訂購專線（02）1234-5678，就會有專人為你服務。

☑ 只要按一下這個連結，然後依照網頁裡說明的簡單步驟進行就可以了。

 3. 給他一個立即採取行動的理由

即便你的理想客戶已經覺得你的產品（服務）很棒、也確實能解決他們的問題，或者能實現他們的願望，而且他們也很被你的提案打動，但是在最後關頭他們可能還是會想：「我為什麼要現在買？」

這是消費者在面對購買決定時的常見「煞車」原因之一，如果你沒有給他一個現在就採取行動的理由，多數人就會因此而拖延決定（而結果往往就是「不買」）。

因此，如果你可以在促使行動這區塊中，加入一些能強化急迫性的元素，讓讀者感受到「現在必須就做決定，否則自己將會錯失什麼好處」的壓力，如此將對銷售文案成交率的提升有著非常大的幫助。

而創造急迫性的常見方式有「限時」和「限量」兩種，限時指的是為你的提案加上一個截止日期，例如：

這個特別方案在O月O日就會截止，截止之後我就會把價格調回原價，所以如果你想要用最優惠的價格購買，就要立刻採取行動囉！

或者是：

為了慶祝公司成立4週年，如果你在O月O日凌晨12點到晚上12點這24小時之內下單購買任何商品，都可以享有特價再6折的超級優惠！

P.S.要注意的是，這個截止日期必須要夠短，才能達到促使行動的效果。

而另外一種促使行動的方式是「限量」，例如：

因為價格實在太殺，廠商怕其他的經銷商抗議，所以給我們的數量也很有限，這次我們的備貨只有20組……

或者是：

由於場地因素，這次的活動名額只有15個，再多我想收也沒辦法了……

這裡要提醒的一點是，不管你要使用「限時」、「限量」，還是兩者同時使用，你說的都必須要是「事實」。也就是說，如果你說方案將在什麼時候截止，那麼你就必須要做到；如果你說有限量商品，那麼它就不能是無限量供應。

千萬別把你的理想客戶當傻瓜來耍。

除了「限時」、「限量」之外，還有一種創造急迫性的方式。如果你的產品（服務）是常態性銷售的商品，那麼當然限時限量的方式僅能在促銷時偶一為之；但是在促銷結束之後，你又要如何能促使讀者採取行動呢？

我常用的方法是「強調不馬上行動會帶來的損失」。

例如在《財富原動力》測驗的銷售文案中，由於這是一個常態銷售的商品，因此不太適用於限時與限量的方式。但是為了能促使讀者採取行動，我在銷售文案中寫道：

「不要再猶豫了，你每一分鐘考慮的時間，都在延後你踏入創造財富最低阻力路徑的時間。」

這裡的用意就是在回答理想顧客心裡的「是不錯，不過我過一陣子再買好了」的想法，提醒他每晚一天做決定，將會有哪些代價要付出。當你要為常態銷售的產品（服務）撰寫文案時，切記一定要花時間思考這個問題。

請寫下「促使對方儘速行動」的段落：

回馬槍：P.S.

不知道你是否記得，在2008年，有部改編自小說的熱門電影叫做「P.S. 我愛你」？像這樣的電影片名頗能引起觀眾的好奇心，讓人想知道在這之前發生了什麼事，才會需要做這樣的附註。如果知道如何在銷售文案中善用P.S.，它就能發揮同樣的效果，激起讀者認真看你的文案的意願。

一般來說P.S.都是出現在文章的最末段，所以你可能會認為讀者在讀完整篇文字之後才會看到你的P.S.，然而事實上往往並非如此。

因為有很多人的閱讀習慣是先看頭跟尾，再決定要不要繼續看中間。對這些人來說，他們第一個讀到的是標題，而第二個會讀到的就是P.S.。所以，在你思考P.S.要放什麼內容時，會需要把這一點也考量進去，適當地在句子裡加入讓讀者想要再回去把內文仔細看完的內容。

一般而言，你可以考慮在P.S.裡做以下幾件事：

（1）再次強調好處

如果你的銷售文案希望理想客戶採取的行動是「立刻訂購」，便可以在P.S.中再次強調採取這個行動的好處，例如：

☑ P.S.再次提醒：如果你在 48 小時內訂購，不只能立刻省下 NT$20,000，還能獲得價值超過 NT$48,000 的超值贈禮……

☑ P.S.現在馬上來電訂購，就能獲得5折的超級優惠！我們在優惠期間提供60天的無條件滿意保證，讓您直接體驗我們的服務且無需任何風險。請立即來電（02）1234-5678。

（2）再次強力呼籲立刻行動

這種P.S.的目的是要再加把勁，促使讀者立即採取行動，例如：

☑ P.S. 就像我之前提到的，這次的優惠名額只有 5 個，超過的話我想收也沒辦法了，所以請立刻報名，以免錯過這次難得的機會！

（3）加入新的文案元素

顧名思義，就是在P.S.中導入某個先前在銷售文案裡沒有出現過的元素（可能是未提及的好處或特色／優勢、針對產品介紹的切入點、額外的超值贈禮……）

以演講來說，賈伯斯在產品發表會上慣用的「One More Thing……」就差不多是這個意思（雖然後來大家都知道最後都會有「One More Thing」了）。

而賈伯斯之所以把當年度最重要，或是最讓人期待的產品放到最後，才以「還有一件事」的方式來發表，或許是戲劇效果、或許是其他因素，總有個充足的理由。

因此一般來說，除非你有足夠的理由認為這些項目不適合放在銷售文案的本文裡，否則通常我不會建議使用這種類型的P.S.。因為將這些資訊寫在銷售文案裡，然後再用P.S.來強化或提醒，會是更理想的方式。

（4）P.S.、P.P.S.、P.P.P.S.

如果你有多個想在P.S.這部分提醒或強調的事情，那麼使用P.S.、P.P.S.、P.P.P.S.是無妨的，不過如果有多個P.S.，會使文章的感覺不是那麼的正式，這也會是你在使用P.S.上需要考慮到的細節。

事實上你要用P.S.來表達什麼，並沒有硬性的規則或限制，我提供的只是一個方向。不過如果硬要說規則的話，還是可以找到一個，那就是——記得一定要加上P.S.！

因為對於那些習慣先看頭尾的朋友們來說，你的P.S.等於是第二個標題；而對於那些習慣從頭看到尾的朋友們來說，P.S.可以再次強化你銷售文案的成效。

拼圖時間：把各個元素組成完整的銷售文案

恭喜你！現在你已經完成了一篇銷售文案所需要的各種組成元素了。

對我來說，寫銷售文案總是像在玩拼圖一樣：你在一開始的時候會有個大略的想法，知道要透過這篇文案達成什麼目標，這篇銷售文案大概會呈現什麼樣子……等等，然後你開始一個個地將拼出這幅圖畫所需要的「拼圖塊」製作出來，在最後將它們一片片地拚湊起來，完成你最初的想法。

而最大的成就感通常在於看到所有的元素都順暢地串連起來，成為一整篇銷售文案的時候（嗯……其實最大的成就感應該是在文案Po上去之後，理想客戶們瘋狂下單的時候，不過也差不多啦～），而你距離這一刻目前只差了一步。

現在，該是你把這些各自獨立的圖塊「拼起來」，變成一篇完整銷售文案的時候了。

以下是你在串連各項元素時，可參考的順序：

銷售文案基本結構

A：Attention（吸引注意）

a）標題

b）問候／自我介紹

I：Interest（產生興趣）

c）前導段落

D：Desire（激發渴望）

d）產品（服務）說明

e）導入價格

f）價格合理化

g）保證

h）超值贈禮

C：Conviction（堅定信心）★可移動

i）證明

A：Action（促使行動）

j）促使行動

k）結語、祝福、簽名

l）P.S.

我在附錄中有附上幾篇我幫自己公司的教育資訊產品寫的銷售文案，建議你可以依據這個架構去分析一下這幾篇文案，這對於你了解銷售文案的各區塊該怎麼呈現，將會有非常大的幫助。

其中我會建議先由《財富金鑰系統》這篇文案開始，這是所有文案中，我最嚴格依循AIDCA架構來撰寫的一篇。

在完成這篇文案之後，我每一篇新作都會做一些風格或寫法上的變化，所以你可能會發現在架構和順序上並不完全依循AIDCA框架。

在你上手之後，當然也可以和我一樣開始做些變化、玩一些花樣，不過在這之前，我會建議你先把基本功練好，先依照AIDCA的框架，盡快地把你的第一篇銷售文案生產出來，這是你目前的第一、也是唯一要務。

現在，我們要進入Part2的最後一個練習了：

請將之前寫下的文字依AIDCA順序組合成一篇完整的銷售文案：

Write to Sell

The Secret of Magnetic Copywriting

編輯校對

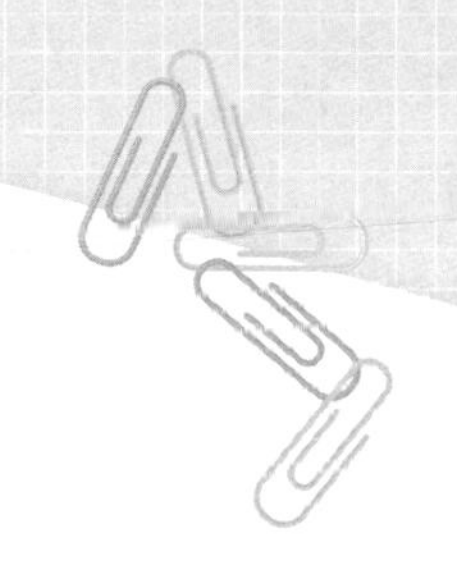

銷售文案也是一樣，很多人會對你寫出來的東西發表意見，但是在你決定要把他們說的當成「建議」來採納之前，得先判斷一下對方有沒有資格提出評論。

這是為什麼我常會提醒學員們，以銷售文案來說，判斷你寫得好不好的標準只有一個，那就是「賣不賣？」。

假設你拿給所有非你的理想客戶群看的時候，他們都說你的文案寫得爛透了，不符合這個架構（AIDCA），但是，你的理想客戶群就是買單，那麼這代表什麼？這表示你的文案棒透了！這是銷售文案的唯一判斷標準。

如何進行銷售文案的編輯校對？

Writing

第一步：什麼都不要做

YA～～你做到了！你已經寫出第一篇銷售文案了！

你的這篇銷售文案也許還需要一些調整才能Po上去，我們會在Part3裡告訴你如何進行這個工作。

不過在對你的大作進行編輯校對之前，我要請你先對你的銷售文案做一件事，那就是：

什麼都不要做！

你要做的第一件事，就是先把你的銷售文案放到一邊，不要理它一段時間（至少48小時）。

為什麼要這麼做？因為在這之前，你可能滿腦子都是你要銷售的產品（服務）、你的提案、證明或保證等等與你的銷售文案有關的東西。

而很弔詭的一點是，這樣的狀態反而會讓你難以客觀地去評估自己的文案作品。

如果沒有把你的銷售文案先從腦袋裡移走一段時間，就馬上接著進行編輯校對，那麼你在過程中將無法以客觀的角度去審視自己的作品。因為文案是你自己寫的，當然不管看到哪個段落，你都會非常清楚地知道你想要表達的意思是什麼。然而，這並不代表單只是透過閱讀你的文字，讀者就能完全接收到你所要表達的訊息。

要知道，你的理想客戶們畢竟並不是你。

如果之前你有先給自己這段休息時間，那麼在你進行編輯校對的時候，會突然發現許多你之前看不到的小錯誤，甚至先前在撰寫過程中你覺得寫得最順暢、最有感覺的那些段落，現在讀起來卻是索然無味。

聽起來有點糟糕，但事實上這非常正常，更是一件好事。因為唯有經過這樣的過程之後，這一篇銷售文案的功效才能大幅提升。

所以，在進行下一階段的工作之前，先給自己一點時間，休息一下吧！

開始進行編輯校對

好的，現在你的銷售文案已經經過這個「醒酒」的過程了，現在你可以開始運用以下4個步驟來對文案作品進行編輯校對：

1. 加入隱藏訊息

在銷售文案中，你可以透過大標題、中標題、小標題、不同字體、標點符號、高光顯示（Highlight）等方式來表達像語氣等一些文字無法去表達的隱藏訊息。

在編輯校對時，你可以試著加入這些東西來增加銷售文案的易讀性與讀者的參與度。例如：

在適當的段落下中標或小標——迷你文案

在附錄中的銷售文案範例裡可以看到，文案當中使用了大標題、中型字、條列式粗體字……等等。其中，我們要透過中標題或小標題完成的任務是組成一個「迷你文案」。

所謂的「迷你文案」意思是，假設有一位讀者看到你的銷售文案頁面，但他並不是從標題開始一路讀下來的，而是先整篇瀏覽一次，此時他的眼睛會優先注意到的會是大標題、中標題或小標題、以及在文案中以條列式所呈現的內容。

而如果他只看大標題、中標題、小標題的話，是否也能了解你這篇銷售文案所要傳遞的主軸？是否能誘使他願意細讀你的銷售文案？如果你能做到的話，就表示你的中標題或小標題有達到「迷你文案」的程度與效果。

以文字表現抑揚頓挫

你只要對文字的呈現方式做一些改變，就能額外傳達一些文字以外的訊息，例如抑揚頓挫等等。

例如，「……」是我常用的一種方式，我常以此來表示停頓或者是轉折。除此之外，你也可以使用以下這些方式來調整文字，引導讀者的注意力。

粗體

例如：

如果你已經參加過不少其他培訓課程，現在你可能會想：

「如果又跟上次報的那個課程一樣，去上課之後才發現跟我原本想的不一樣，那怎麼辦？」

我們完全了解這種既期待又怕再受傷害的心情，因此，我們針對WDE課程提供**不滿意退費保證**。

底線

例如：

所以，<u>如果只靠《The Secret》（祕密）中的資訊，就試圖</u>

<u>在生活中應用「吸引力法則」，那麼有很大的可能你會無法達到理想的成果，甚至會造成反效果</u>。因此，在透過《The Secret》（祕密）入門之後，你還需要一套可以按部就班地教你如何運用「吸引力法則」的方法。

高亮顯示（highlight）

在word中使用「文字醒目提示色彩」，讓文字看起來像被螢光筆標記。（此部分單色印刷無法呈現）

破折號——

例如：

在第一天課程結束之前，如果你認為在這個課程中學不到你想要的東西，只要跟我們說一聲，我們就會將你支付的課程費用100%全額退還給你。

不只如此，你還可以保留已取得的所有贈品，以作為我們對於你投資了一天的時間來評估這個課程的補償。

這表示，參加WDE課程——

你完全沒有任何風險！

其他

2. 大聲閱讀你的銷售文案

接下來，拿出你的銷售文案，從第一個字開始讀出聲音來（如果你喜歡的話也可以錄音下來）。

因為大聲閱讀你的銷售文案有兩個作用：一是這樣可以強迫你以比默念時慢一些的速度來閱讀你寫的文字；二是有助於你做到把你的文字調整成我們一開始提到的「像兩個人對話的文

體」，讓你有機會修正銷售文案中的那些不通順的、像機器而不像人的、或者是沒有必要出現的詞句與段落。

P.S.：再強調一次，好的銷售文案的文體是很口語的，如果你的銷售文案讀起來不像是在跟最好的朋友說話那樣，就表示你的文案還需要調整。

除此之外，你還可以在這個過程中觀察文案裡是否有不必要或太累贅的說明及描述，如果發現有某句話或某個段落拿掉也沒有太大影響，就表示它不需要存在，你可以將它刪除。

此外，還有一個非常值得你在審閱銷售文案的過程裡觀察的項目，那就是在你的文案裡有沒有那種會讓人覺得「干我屁事」的內容，我稱之為「干我屁事測驗」。

「干我屁事測驗」的做法是這樣子的：在經過48小時以上的「醒酒期」之後，拿出你的銷售文案，在開始閱讀之前先閉上眼睛，想像你的理想客戶，想像清楚他的年齡、性別、工作、住在哪裡、有沒有孩子、生活中的挑戰……等等，然後想像自己就是這位理想客戶。

然後，張開眼睛，開始閱讀你的銷售文案。這個過程的重點在於在你閱讀的過程中，觀察有哪些段落會讓你心裡浮現「干我屁事」這一類的想法，如果有，把它標記下來，之後再做修改。

3. 請別人閱讀你的銷售文案

此步驟會分成兩個階段，在第一個階段中，你想要獲得的是較一般性的回饋，所以你可以先把文案拿給至少兩個人看，請他們閱讀之後告訴你他們的想法。在進行這個階段時，不管你想請誰來閱讀你的文案都可以。

在他們閱讀完之後，你可以問他們以下幾個問題：

（1）如果用1到10分來評分，你會給這篇文案幾分？為什麼？

（2）這篇銷售文案有讓人感興趣的地方嗎？裡面有沒有清楚說明產品（服務）的各項好處？能不能建立起產品（服務）本身、以及產品（服務）供應者的可信度？

（3）你相信銷售文案裡宣稱的資訊（好處、成效等等）嗎？

（4）你能清楚了解提案的內容嗎？

（5）你會想買這篇銷售文案中提供的產品（服務）嗎？為什麼？

（6）這個提案的內容與價格會讓你想買嗎？你認為這個產品（服務）的最適當價格會是多少？

通常針對問題（1）至（4），你比較容易得到誠實的回答。而針對最後的兩個問題，多數人不是因為不想傷害你或者是想鼓勵你，而會給你「想買啊。」之類的答案（其實事實上他根本不會買）；要不就是不想當著你的面承認你的銷售文案有打動他，所以會跟你說「我才不想買」之類的答案。

不過，隨著經驗的累積，你肯定也越來越能分辨出他們的反應是屬於哪一種。除此之外，你還可以額外多問兩個問題：

（1）你覺得這篇銷售文案有什麼需要調整的地方？

（2）在什麼樣的狀況下，你會購買這個產品（服務）？

你可以透過這些回饋來決定是否要再一次調整你的銷售文案內容。

在完成這個階段之後，第二階段就是要取得更明確精準的回饋。而要做到這一點的最佳方式，就是讓符合理想客戶條件的人來閱讀你的銷售文案。

事實上，如果一個不符合你的理想客戶群條件的人在讀了你的銷售文案之後，跟你說他沒有感覺，甚至說你寫得很爛，那麼你只要當作參考就好，不必因此而受到打擊或難過。

每個人都可以有自己的意見，就像每到選舉期間，幾乎每個人對政治都能發表很多意見，但問題是他是否有足夠的資格對那些議題發表意見？

很多事情，我都會提醒自己沒有資格發表意見。我可以有自己的看法，但我也知道隔行如隔山，那些人並不需要聽我的看法，因為我不專業。例如我可不可以對市政開發有我的看法？當然可以。我對市政開發可以有看法，但是他們並不需要聽我的看法，因為我並不專業、並不了解，市政開發有什麼細節和重點我不懂，所以我當然可以有我的看法和意見，但是他們並不需要很認真地採納或聽取我的意見。

銷售文案也是一樣，很多人會對你所寫出來的東西發表意見，但是在你決定要把他們說的意見當成「建議」來採納之前，得先判斷一下他們有沒有資格提出評論。

這就是為什麼我常會提醒學員們，以銷售文案來說，判斷你寫得好不好的標準只有一個，那就是「賣不賣？」。

假設你將文案拿給所有非你的理想客戶群看的時候，他們都說你的文案寫得爛透了，不符合這個AIDCA架構AIDCA，但是，你的理想客戶群就是買單，那麼這表示什麼？這就表示你的文案棒透了！這是銷售文案唯一的判斷標準。

所以，在你審閱已完成的銷售文案時，一定要邀請到符合你理想客戶群條件的人來閱讀，並給你意見。

你可以：至少找到3位符合你理想客戶條件的人，然後請他們協助你，並在閱讀銷售文案之後給你一些回饋。

你可以請他們在閱讀文案時，依據每個段落的感受，在旁邊標上「弱」、「中」、「強」，或者在某段落或某句話有完全搔到他們癢處、戳到他們痛處的時候，標上「賓果！」如此你就可以知道哪些段落偏離了軌道，而哪些段落則有做到位。

同時，你可以請他們在感覺沒有表達清楚意思的段落上、或者有哪些段落讓他們覺得無趣的這些地方標注出來，對你會有非常大的幫助。

記得，如果你的理想客戶在閱讀了這篇銷售文案後，給你的意見是：「我覺得寫得很好」，那麼這代表什麼？這代表你失敗了！因為如果你的文案真的寫得夠好，那他的反應應該會是：「我要買，這好棒喔！我可不可以買一個」，而不是「我覺得寫得蠻好的」。

如果幫你審閱的這位符合理想客戶條件的朋友在閱讀完後，反應真的是「我要買！」那麼恭喜你！你的第一篇銷售文案將會有很大、很大的機會能為你帶來非常好的成果。

4. 由最後一行開始，倒著審閱整篇銷售文案

相較於前面兩個步驟，這個步驟簡單多了——你只要從最後一行開始，以倒過來的順序，由下而上地審閱每一個句子，你就會發現透過這個方式你將能找到很多細微的錯誤。

因為當你以相反次序閱讀時，你的眼睛就會很難跳過詞句，也因此專注力會提高，也更能找到錯誤。

請依照前述4個步驟來編輯修訂你的銷售文案：

1. 加入隱藏訊息

2. 大聲閱讀你的銷售文案

3. 請別人閱讀你的銷售文案

4. 由最後一行開始，倒著審閱整篇銷售文案

如何加速文案寫作

在這一篇當中，我要和你分享的是我在學習與實際撰寫銷售文案的過程中，所歸納出來的一些有助於你加速寫作銷售文案的重點，如下所述：

1.多寫

"如何寫得又快又好？從又慢又爛開始，持續不斷地寫，有一天你會自然寫得又快又好。"

——美國直效行銷教父　丹·甘迺迪（Dan Kennedy）

直效行銷教父丹·甘迺迪是個非常多產的寫手，也因此很多客戶或學員都會好奇他是如何做到像這樣寫得又快、又多、又好的功力的？

他的回答是「從寫得又慢又爛開始，持續不斷地寫，有一天就會寫得又快又好了。」當他說到這一段時，又補充道：「通常這不會是你們想要聽的答案就是了。」現場一片笑聲。

我想這個答案也不是你想聽到的，也許你會希望知道一些神奇的「祕密」，讓你可以不需要經過「寫得又慢又爛」的過程而直接跳級成為一個銷售文案高手。然而遺憾的是，對99.99%的人來說，真的沒有別的捷徑，每個人都必然得從寫得又慢又爛開始。

可以補充的是，在我跟丹·甘迺迪學習銷售文案寫作時，聽到他提到自己初學文案時曾使用的一個有趣方法，那就是：找一些經典文案或是寫得很好的文案，然後抄寫它，而且最好是用你非慣用的那隻手去抄寫。

他說這個方法並非他自己想出來的，而是他的老師告訴他的。然後他提醒道：在那個年代，聽過這個做法的人有很多，但實際上真正有去做的寫手，卻是兩隻手數得出來的。他說他便是其中之一，因為他真的是用左手抄寫經典文案的。

但為什麼要這樣做？因為，好的銷售文案有你看不到的韻律和節奏，這東西是沒有辦法用左腦透過邏輯分析來學會的，這也是為什麼要用你非慣用的那隻手，因為那會開發到你另一邊較沒開發的大腦。在無形之中，你就會感覺到隱含的韻律和節奏，在潛移默化下，它會進入到你的潛意識中，你寫出來的東西就會受到影響，這就是丹．甘迺迪所提供的小祕訣。

我自己是沒有這麼做，因為在開始學銷售文案時，我能找到的文案範例都是英文，而我想不到抄寫英文對於我寫中文文案能有什麼幫助。但現在你比較容易找到中文的銷售文案，所以也可以考慮試試這個方法。

2. 多讀

平常務必多蒐集文案範例，因為建立起你的銷售文案資料庫非常重要。像我不是一個很容易憑空發想出創意的人，所以就必須找一些素材來激發出一些想法。當我在寫銷售文案時，我會多找幾篇相似的、同質性的銷售文案來參考。不過，我的方式從來不是直接拿來用或者是改幾個字，而是只拿來激發我的靈感。

總之，我會蒐集很多這方面的資訊，我建議你也這麼做，這會讓你在日後寫銷售文案時越來越輕鬆。

除了實體的文案資料庫之外，你也會需要多幫腦袋裡的資料庫做升級。平常就多閱讀各種廣告文案，把這些資訊儲存到你的潛意識裡，如此在你需要撰寫文案的時候，不僅有現成的素材可以使用，且更由於你平常就已經讓大腦浸淫在銷售文案當中，在實際提筆時就不容易一片空白；反過來說，如果你每次都是在寫文案的時候才開始蒐集素材，那麼很快就會發現在寫的過程中阻力重重。所以，務必在平常就多閱讀、多蒐集這方面的素材。

3. 在能專注的環境下寫作

人是環境的產物，我們很難在錯誤的環境裡做對的事情。因此，如果你希望能加速文案的寫作，就把自己放在一個干擾少、能專注的環境裡。以我來說，如果需要在短時間內完成文字創作，我就會只帶著筆電到我喜歡的咖啡廳去。因為對我而言，相較於家中或是辦公室，那是一個更少干擾、更能專注的環境。

在這裡再附註一個加速文案寫作的祕訣，那就是**給自己設定一個截止日**，並且還要限制自己沒在截止日前完成的話，就必須接受嚴重的後果。

經驗上，如果沒有設定截止日期的話，有90%以上的事情永遠不會達成。例如在學生時期，老師可能會出一些報告，在學期初就跟你說學期末要交報告，那麼你會在什麼時候開始寫這份報告呢？通常是前二天或者是前一天熬夜，把咖啡、蠻牛當水喝，最後把報告給擠出來。所以，如果要確保事情能夠達成，就得要設定一個截止日。

我常說關於「紀律」，人可以分為三種：第一種人是天生就很有紀律，第二種是經過訓練之後會很有紀律，第三種是經過訓練也不會有紀律的。我自己是屬於第三種，所以對我來說一件事情要達成，它必須要有截止日，而且沒有在截止日前完成的話，要付出嚴重的代價，如此我才動得起來。

所以你必須要找到適合你的方式，而這三種方式沒有所謂的優劣對錯。如果你天生有紀律，那很好恭喜你；如果你是屬於訓練過後會有紀律的，就得趕快訓練自己；如果你剛好和我一樣是第三種人的話，就得使用適合我們的方式——設定截止日期，給自己一個夠嚴重的懲罰……總之，要找到適合你、能讓你動起來的方式是最重要的。

4.善用心智圖、曼陀羅等思考工具

此外，「心智圖」、「曼陀羅」之類的思考工具對於發想文案會有蠻大的幫助。同樣地，每個人適合的方式不太一樣，你或許得花點時間找到適合自己的方式。不過好消息是，一旦你找到適合自己的工具時，未來你不管要思考任何問題、規劃任何事情，都會變得輕鬆許多。

5.別吹毛求疵，夠好就行了

這一點其實主要是我對自己的提醒。我有個毛病是對於小細節很龜毛，對我來說，永遠沒有「OK！完成了！」這回事。在寫銷售文案或者進行編輯校對的時候，我往往都是一個字兩個字的在修改，或者可能一直在某個概念上想著應該用哪一個詞彙才能最精準地表達上打轉。

這也是為什麼我會需要截止日期，因為在我的龜毛性格下，如果沒有必須要把東西交出去的壓力，那麼所有的東西大概都會永無止境地延遲下去。

如果你也有跟我一樣的症狀的話，那麼提醒你——夠好就好了，交出去吧！

Write to Sell

The Secret of Magnetic Copywriting

Bonus
影片行銷

銷售影片更個人化，而且強調所有的感官，因為它是視覺化的、它是聽覺化的、也是觸覺化的。它的確強調了很多情感，不管你想要使用攝影機或是投影片簡報都可以。一段銷售影片比一篇銷售文案更具個人風格，典型的銷售文案不會引發太多的情感，而銷售影片可以抓住觀賞者的注意力，有很高的機率你可以把潛在客戶轉換成新客戶。

記得，所有的銷售確實是以情感為基礎，接著才是用邏輯來合理化，如此你才能夠真的瞄準客戶的引爆點和他們的痛點。

另一件很棒的事是銷售影片提供了更高的轉換率，這對你來說，當你的銷售頁轉換得越高，你的事業所賺的錢就會越多。

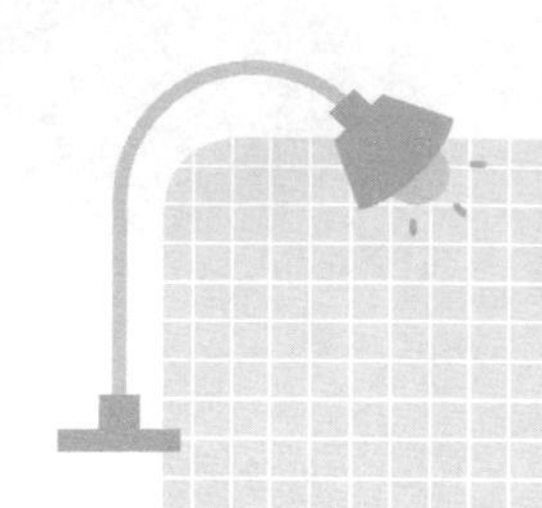

影片行銷的祕訣

這一章要和你分享：為什麼影片銷售比一般的銷售信轉換率來得高？你會學習到在你接下來所要提供的每一項服務中需具備的要素，你也將學習如何為你所提供的服務產生銷售影片、並轉換成新的顧客。我會教你如何不用在鏡頭前產生一個銷售影片，最實際的是，如何省下幾萬元的文案寫手費。

影片銷售頁有很多好處。你會發現現在出現很多的銷售影片，你將會看到越來越多的影片取代掉只是單純的文案銷售頁。影片銷售頁的轉換率比純文字及聲音檔高，而**它花的時間卻比一般文案還少**，這是最棒的。當你想要寫具有轉換率的文案頁時，通常可能需要花幾週、甚至幾個月的時間去想出對的方案。然而，有了銷售影片，你可以在幾天之內做到，讓你的方案上線。接下來你將可以開始讓你的產品產生新的客戶。

銷售影片**更個人化，而且強調所有的感官**，因為它是視覺化、它是聽覺化、也是觸覺化的，它強調了很多情感，不管你想要用攝影機或是使用投影片簡報都可以。一段銷售影片比一篇銷售文案更具個人風格，典型的銷售文案不會引發太多的情感，而銷售影片則可以抓住觀賞者的注意力，有很高的機率你可以將潛在客戶轉換成新客戶。

記得，所有的銷售必須以情感為基礎，接著才是用邏輯來合理化，如此你才能夠真的瞄準客戶的引爆點和他們的痛點。

另一件很棒的事是銷售影片提供了更高的轉換率。現在很多人都知道銷售影片的轉換率比純文字的銷售頁來得高，這對你和你的事業來說，當你的銷售頁轉換得越高，你的事業所賺的錢就越多。

所以這可以為你省下好幾十萬元花在文案寫手上的錢。當你創造出一個產品可能已經花了很多時間，而你最不想做的一件事就是寫銷售文案，或是請一個可能花你幾十萬元的寫手來寫。有了銷售影片，你可以很快地完成，而且你不用付很多錢。

以下有一些製作銷售影片的祕訣：你會想要為你的品牌設計圖示符號、訂購的按鈕非常重要，所以你會先有一個標題，在標題下會有一段影片，而你將會有一個訂購按鈕。

另外，你也會想要找一些免版權的音樂，你也會想要有動畫來維持觀眾的注意力，你可以用投影片來做。我也推薦你要**自動播放**你的影片，你不會希望你的顧客看到你的銷售影片時必須要自己按播放鍵。這麼一來，當他們一進入到你的銷售頁面時，影片就會馬上開始。

銷售影片建議的長度大約是**12到35分鐘**。特別是如果你要提供的產品（服務）是比較高單價的話，那你的銷售影片就要比一般的長一些。這樣觀眾在看的時候，比較能暖身，並從潛在客戶轉換成消費者。你還會想要有許多的顧客見證和案例，或是滿意的消費者，記得加上它。

你可以測試一下在投影片中增加完整的句子，而不只是條列式的重點。你可以觀察一下哪一個的轉換效果比較好，追蹤一下。我真正希望你做的是去列出**具體的好處**，而不只是列出優勢而已，不要只是賣優勢，而是要列出具體的好處，就是那些你的潛在客戶會希望從你的產品（服務）中得到的。

我們也要表現出一種**稀有感**，所以讓它變成是某種限量商品，不管多久之後你就會截止這個方案，或是你只提供例如100、200或500個名額，限量是非常重要的。

而另一個精華在於——滿意保證，好讓你的顧客覺得有信心，而且能真正產生信任因子。

總結來說，你的銷售影片必須要放一些關鍵因素。首先，你需要透過一個強而有力的標題先抓住你的潛在客戶的注意力。例如，「你將會發現創作的祕密——產出、拍攝，以及製作你自己高轉換率、名單爆增、讓你的觀賞者轉換為終生忠實顧客的影片。」你的標題會列出好處，使你的顧客期待你的產品。

好標題只戰勝了一半而已，如果你下標下得好，它能讓你的觀眾停駐，我希望你可以測試不同的標題來看哪一個的轉換效果比較好。有了一個好標題的開始，你就能讓你的潛在顧客真的投入，並能抓住他們的注意力，因此標題是個關鍵。

你的下一步就是去指出問題。大部分的人——舉例來說，在做影片行銷時會遇到一個問題：「大多數的人都不做影片，因為他們在鏡頭前會緊張，而且可能會花好幾萬元。例如，你也可以說像為什麼你沒有穩定的新顧客到你的網頁來，也許因為你用的是老派的行銷技巧。在你的行銷流程中並沒有常常使用影片，或是你沒有對的流量看到你所提供的方案。」指出問題是你會希望在你的銷售頁裡面做到的，只為了能碰到對方的痛點。

下一步，我們要創造出一個誘餌。例如，你可以說像「我將要告訴你關於影片行銷的最大迷思和祕密，以及告訴你95%的行銷者在網路行銷上做錯的事是什麼。」這提供了一種誘因，讓他們會想看完全部，去了解你所提供的方案是什麼。如果你可以指出問題，就是產生了一個誘因，會讓他們想繼續看下去。

接下來，你就可以開始分享你個人的轉捩點。你可以說像「三年半前，我是一個網路行銷的初學者，而且我的網站沒有流量。但我帶著希望和勇氣，在2007年我的第一個產品上市時，我整個人生改變了。我在兩週內賺到了70萬台幣。」你可以像這樣放上你的轉折點故事。

下一步我們提供「解決方案」。解決方案實際上就是你的產品。例如「簡介」，你可以放產品的圖片；如果是DVD，你可以放產品的真實照片。你可以說「介紹XXX課」，然後加上你的圖片。

接著，你可以列出好處和優點，你可以說「我是如何免費得到名單和網站流量」、「我製作影片的7個步驟公式，讓你馬上成為一個影片專家。」、「一步步解析我轉換率最高的影片。」、「我個人使用的製作軟體，不到900元。」

接下來，我們會製作一些內容和列出一些好處，以引導出第一個購買決定。你會想到你的顧客可能會有的異議，不管是時間或金錢。接下來你要增加內容，以協助穩固購買決定。你可以在這部分增加文字，如果你有10個模組，你可以在這裡列出第一個模組。你可以解釋第一個模組是什麼，以及如何使用，那可以強化第一個購買決定。

你可以在這裡引發「渴望」。這是最棒的一部分——你知道你的顧客真正的渴望，他們真正想要達到的是什麼、他們真正想要解決的問題是什麼。這是你在一開始就提到的，那可能是更多的時間、更多的能量、更多的金錢。

下一步我們要增加第一個顧客見證，這可以是一個案例分享或是一段見證影片，你可以在這裡增加一些文字，這可以為你的銷售頁增加可信度。

接下來，你要提供內容和好處，以吸引出第二個購買決定。你可以在這裡增加一些文字，也可以是第二個模組。舉例來說，像是可以節省時間、能量和金錢。就像是一個邏輯思維，在購買的過程中尋找某種決定一樣，你可以在這裡補充一些文字。

接下來加上第二個見證：你的案例分享以及影片見證，穿插在你的內容裡。你可以在購買的要素中穿插見證，這樣可以讓方案更有力。你可以在這裡增加文字，或是加上影片，同時繼續往下加內容和好處，以引出第三個購買決定。你可以增加文字，變成第三個模組。這裡你可以引發渴望，甚至你可以帶出恐懼。再提醒觀眾一次，你需要更多的時間、更多的能量、更多的金錢。

接著你在這裡加上第三個見證：案例分享或是影片見證。我認為3至5個是理想的，你不會只想要有一個，因為太少了，所以通常希望在你的銷售影片中最少有3個不一樣的見證，同樣地，你可以在這裡增加文字。

下一步，我們進行方案的部分。你要條列出這個方案的實際項目，例如他們可以打電話給你，這是第一個項目，這價值599元；他們可以得到免費的線上會議系列，這第二個項目可以是150元；他們可以得到電子書，這第三個項目則是免費。如果他們可以得到跟你一對一的個人教練諮詢，這可以是第四個項目，以此類推。

你可以增加任何你想要提供的價值。舉例來說，價值總共是14,200台幣，而你要做的就是提供下一步的零風險保證。你可以說：「好的，我有一個30天不滿意退費保證（或是60天）。」我希望你想一個有力的滿意保證，這將會增加你的轉換率及銷售額，並且會讓人真的想跟你買東西，而且信任你。

接下來你也可以提供一個快速採取行動的贈禮，這是彈性選擇的，你可以提供給前二十名就好。例如「如果你現在就採取行動，就能得到這個額外的贈禮。接下來你想做零風險投資，整個的價值是26,200元，但是你今天投資的話，只要12,000元。」接下來你就可以提供你的付款方案了，也許是每期6,000元，分2期。你可以給你的潛在客戶、你的顧客一個機會去做付款的計畫——這能降低風險。先提供價值，讓實際購買的價格更有吸引力一點。

下一步你需要提供稀有、限量的方案。舉例來說，我們只有500個名額，或是我們只能接受20個顧客參加這個方案。稀少性的狀況需要發生，否則人們不會馬上採取行動，他們會等待，如果他們等待的話，他們可能再也不會回來了。所以稀少性和恐懼，以及帶出銷售中情感的那部分，對你的所有方案來說都是非常重要的。

下一步，我們要進行到「現在立刻採取行動」。你可以用類似像「現在採取行動」、「現在就開始吧」、「按這裡」等號召他們採取行動。讓它有力量一點，例如：「現在請加入我，讓我協助你得到你想要的成果。」你在這裡說的任何的話都能確實鼓勵你的潛在客戶去採取行動。

如果你需要腦力激盪一下產出你的銷售影片的話，請關掉任何會使你分心的事物——例如手機，而且開始確實地去寫。你可以用心智圖來做，所以開始寫下你可能提供的項目吧！並選擇對你的銷售方案有用的簡報照片。要記得，加入視覺、圖示、動畫等等，將會讓你的影片更引人入勝。

本文由《啟動夢想吸引力》作者王莉莉Shila提供

Write to Sell

The Secret of Magnetic Copywriting

Bonus 品牌信任

在建立自己的品牌前，需要先了解的是，品牌賦予的是一個企業或社會承諾，人們因為信任這個承諾而選擇你的服務或購買你的產品，當這個承諾達成時，他們就會不斷地再回來選擇你提供的產品或服務，更棒的是幫你做口碑行銷，但當承諾未被達成時，同樣的也為你的品牌扣分。

所以在建立品牌時，需先清楚地了解幾點。首先，你所能提供給他人的價值是什麼，也就是你的強項，你的天賦，你很自然地就可以將這件事做好。

其次，你和市場上提供同樣產品或服務的業者有何不同，這將會是你在領域中的利基點。

如何運用銷售文案建立品牌信任度

「什麼都能學，行家都能教」

標題的這句話是我們創立的「iPro我最專業線上學習平台」的品牌slogan，這段文字讓您讀取到意象了嗎？應該能意會到是與學習有關係吧！

一開始在想這個代表我們品牌的標語時，也花了好些時間琢磨，因為iPro是主打實用線上技能學習的開放式平台，在這裡面的「行家」一詞是指各領域的老師或專家達人，只要有能力、有經驗、有實用的知識能提供給他人，都可以在iPro上建立課程。而使用者們只要想學習，不需要受限於原來的學術背景，就能在iPro我最專業上學習到專家達人的知識與經驗。我們想要可以讓人很快意會我們創立這個平台的理念。

設計簡短有力的品牌短句（也就是英文所說的slogan標語），你可以很快地讓人快速理解你的品牌獨特性與特色，以及理解你正在做的事情或開發的產品。

在這章節，我們要和大家談談品牌短文案。首先，在開始之前我們先來聊聊建立品牌的部分。

想想看當人們談到Apple時，都會連結到什麼呢？

「創新，典雅，高品質的產品」

Apple從創立一路以來，也使用過許多不同的slogan。發現了嗎？不是一句，是許多句，隨著不同階段的發展，產品或個人提供的服務也必須隨著調整，才能跟上時代變遷的速度，所以不同時期的蘋果，也設計出配合當時定位的slogan。

Apple在1970年一開始時使用的slogan是「Byte into an Apple.」咬一口蘋果，這裡的byte（位元）和bite（咬）是同音字，據說蘋果是取自伊甸園亞當和夏娃的蘋果樹的蘋果概念，蘋果象徵著智慧的果實，不過電影《賈柏斯傳》關於Apple的命名來源，好像沒有提到這個意象。

接著，還有「The Power to be your Best」，前面還有兩句先不提。再來就是讓我們印象深刻的「Think Different」（不同凡想），它背後的意義來源是這樣──「我們必須不斷用不同的眼光看待事物。一旦你以為自己懂得了什麼，你就得換種眼光再看看。這樣可能會顯得有些荒唐或愚蠢，但你必須嘗試看看。要敢於突破，尋找新的東西。」這句slogan就有很鮮明蘋果的味道，很與眾不同、很創新，徹底地呈現了它的品牌。接下來還有幾句slogan，不過意象都沒有「Think Different」（不同凡想）來得那麼到位。

我們在建立自己的品牌前，需要先了解的是，品牌賦予的是一個企業或社會承諾，人們因為信任這個承諾而選擇你的服務或購買你的產品，當這個承諾達成時，他們就會不斷地再回來選擇你提供的產品或服務，更棒的是幫你做口碑行銷，但當承諾未被達成時，同樣的也為你的品牌扣分。

所以在建立品牌時，需要先清楚地了解幾點。首先，自己能提供給他人的價值是什麼，想想自己對什麼最在行，也就是你的強項，也可以是你的天賦，你很自然地就可以將這件事做好，若你自己也不太清楚的話，可以問問周遭對你很瞭解的人覺得你可以將哪些事處理得很好。

其次，你和市場上提供同樣產品或服務的業者有何不同，這會是你在領域中的利基點。

最後，清楚你的目標客群。一樣都是搬家公司，但有的搬家公司訴求的是精緻搬家，他們會小心處理搬運的傢俱，不產生碰撞毀損；也有搬家公司人員都需具備英文能力，因為他們服務的都是外籍客戶（清楚的目標客群）。

你創造的品牌能為你在你經營的領域帶來影響力，就像是將你的專長全部打包在一起，再將這些價值遞送出去給別人一樣。

以下是給你的功課，安排2至3個小時的時間，不受任何打擾，喝杯咖啡或茶放輕鬆，把自己的強項列出，也可將親朋好友提供給你的資訊，將這些強項一併列出。再想想從這裡面，你可以提供給他人的，相較於同領域中其他和你提供同樣產品（服務）的人，有什麼差異性？

為什麼客戶或接受你服務的人會選擇你而不是其他人？你的獨特性是什麼呢？這是一個很重要的練習，當你自己定義清楚後，也能為你的事業或是你現階段的人生帶來指引，更重要的是，對你的產品或服務有需求的人，能更容易地找上你。

建立個人或企業的品牌雖然需要一步步地累積，很費力，但卻能為事業帶來很大的助益。當你建立好個人或事業品牌時，就像是建立好自己的流，你可以吸引到你想要服務的目標客戶，當人們需求和你提供的產品或服務是同類型時，會優先想到你，就能提升你在領域內的地位和信任度。

當你確立好你的品牌承諾與定位，你就可以透過許多管道來建立你的品牌知名度，或者，讓人家可以認識你。說到這，我們要先感謝網際網路的發明和強大的Google搜尋引擎，讓我們可以在網路上隨時搜尋得到我們要的資訊。有許多人透過撰寫部落格，或現今的Facebook粉絲專頁和社團來分享有價知識。此外，也有許多人透過線上影音的方式做分享，這也是現在的主流。

一開始，我們在尋找在可以在iPro上架課程的專業人士時，也是透過搜尋線上影音來進行的，所以，那些原先就已建立好影片，並放在YouTube上的專業人士就更容易在此時勝出。

接下來，我們要和你分享的也就是我們一開頭提到的——如何透過短文案的撰寫或製作影片，來塑造你的個人品牌或獨特的產品、服務形象，讓目標客戶可以更容易、更主動地找到你？

如何透過影片或短文案建立品牌信任度，並成交更多客戶？

無論你是在做自我介紹，還是進行產品的銷售，我們一定要先搞清楚，到底要說些什麼內容才能夠迅速地讓對方對你產生信任感，立刻與你接洽或是購買。到底什麼才是真正能夠打動人心的關鍵呢？在此與你分享兩個重點：

（1）永遠不要銷售產品，而是銷售核心價值。

（2）人類永遠都在：追求快樂、逃離痛苦。

永遠不要銷售產品，而是銷售核心價值

（1）在做任何銷售文案撰寫或是自我介紹時，請儘量不要針對產品本身或是自己的豐功偉業不斷地做介紹，而是先把你的產品或是你本身能夠為對方帶來的最重要的好處條列出來。

因為客戶在看到你時，第一個念頭便是，這對我有什麼好處、有什麼幫助呢？所以你一定要先列出所有的好處。

（2）將這些好處一一轉換為「白話文」，這是什麼意思呢？當我們在介紹商品或是自己時，都會習慣用「銷售」的語言去介紹，而銷售的語言對於客戶，就等於是文言文。例如我今天要賣一台高規格的電腦，商家可能會這樣介紹：

「這台電腦擁有16核心CPU、8TB硬碟、24倍速藍光光碟機、1000瓦電源供應器……」

類似這樣的語言，絕大部分都是把焦點放在規格、配備上面，或是一直強調這個產品有多好、多好。沒錯，你的產品真的很好也沒有缺點，可是對於80%以上不屬於行家的客戶來說，這些語言都是他們聽不懂的，而真正可以一次聽懂的，只有低於20%的行家客戶。所以當你用了這樣的語言時，就等於立刻和80%以上的客戶說再見了！

所以這時候，你就必須要把這個產品能為對方帶來的好處，直接用白話文表達出來，例如：「只要買了這台電腦，您的開機時間從此只要3秒鐘，每一個程式開啟不用1秒鐘，您一天當中至少可以省下1個小時以上等待電腦回應的時間，您的工作將可以提早2個小時完成……」

透過上面的方式，是不是80%以上的一般客戶都能一次看懂呢？在銷售的第一時間，一般非玩家，甚至是絕大部分的客戶，都是不需要告訴他詳細的規格或執行的細節的，他只需要知道他能得到什麼好處即可。細節的部分，可以放到第二步再說明，這樣就能大幅提高留客率和轉換率。

（3）這些客戶可以一眼就看懂的白話文叫做「客戶的語言」，這等於你的產品或是你個人的核心價值，你必須要永遠都去思考當對方擁有你的產品或是你的服務時，你能夠解決他的什麼問題、難處？因為這個核心價值，才是我們真正要去銷售的方向。

人類永遠都在：追求快樂、逃離痛苦

簡單的說，所有人類在做的每一件事情、行為、選擇、決策等，若是不斷地挖掘背後的驅動原因、出發點的話，最終只會有兩個方向，不是「追求快樂」，就是「逃離痛苦」。所以我們的文案、訴求也必須要圍繞在這兩個終極驅動力，才能夠真正地有效說服並大幅地提升客戶的信任度，進而成交。

那麼，這兩種驅動力，到底是「追求快樂」還是「逃離痛苦」的力量比較強呢？

我過去在講課時，每次都會問在場的學員哪一種驅動力比較強，然而每一次都會有超過50%的人認為是「追求快樂」的動力比較強，可是實際上真的是這樣嗎？

這時候我就和現場學員玩一個遊戲，我就拿學英文來舉例，例子是這樣的：我們都知道學英文有非常多的好處，那我們每個人都來聊聊學英文有什麼好處吧！這時候學員就會開始分享，像是可以加薪、升官、追外國妹、拓展視野、增加收入等等……接著我就會問他們，既然學英文的好處有這麼多，那在場的朋友有因為這些好處而認真把英文學好的人請舉手？結果當然是沒有人舉手……

這時我便換個方式問大家，如果今天你的老闆告訴你：下個月沒有通過某英文檢定的話，你就會立刻被Fire掉的話，那請問你會不會努力地把英文學好？ 這時候大家都大笑地舉手了！！

這個測試屢試不爽，在別的主題也同樣適用，你也可以套用同樣的模式去問身邊的親朋好友。這個測試結果在在證明了人類「逃離痛苦」的驅動力是比「追求快樂」強烈的，而我們在生活中的選擇，也絕大多數是因為我害怕怎樣怎樣，所以我選擇怎樣怎樣，目的是「為了不要讓這個害怕的事情發生」。

所以當我們在訴求產品或文案時，如果可以，請一定要朝「逃離痛苦」的一面去訴求，也就是我們要不斷地去提起客戶的痛苦、難處、困境等等，因為人性大多是健忘和逃避的，平常沒事時他自己不會去想到這些難處和痛苦，所以我們必須要不斷地去幫客戶回想起這些痛苦，才能讓客戶去開始思考為什麼一定要找你而不是找別人？

而這些痛苦要去哪裡找出來呢？此時必須要回到上一段所談到的「核心價值」，我們先假設這些客戶已經接受了你所提供的核心價值（好處）；接著我們反向思考，若是沒有了這些好處，那客戶會產生什麼樣的痛苦？把這些痛苦全部條列下來。

請注意，在寫這些痛苦點時，請務必把自己當成這個產品或是服務的愛用者的角度來思考，千萬不要又落入了商家自吹自擂的圈套哦！

當上面兩大重點工作完成之後，接著就是文案的撰寫了，在此列出幾點在撰寫文案時可依循的規則：

（1）使用切中心裡的問句。

（2）讓人可信任你的自我介紹。

（3）告訴客戶你所提供的產品或服務，以及與你接洽能獲得什麼好處？。

（4）行動呼籲。

使用切中心裡的問句

如何寫出切中客戶心裡的問題？以下我們來實際練習寫出可以吸引到我們想要找的客戶的幾個提問：

（1）你想要讓你經營的生意、商品或是所提供的服務，能更快速、簡單、大量的被更多人看到嗎？

（2）你每次遇到一個新客戶，都要不斷地向對方解釋、介紹、示範你的商品或服務，並耗費大量的時間、勞力，辛苦地建立信任感，然而最後只成交一件，甚至都沒有成交？！

（3）你受夠了只能被束縛在某個地方，用時間和勞力換取成交，而你一天就是24小時，無論再怎麼拼命，成交的數量就是打死的，根本都不敢想去做外縣市或外國的生意嗎？

這3個問句便是整篇文案最重點的部分。前述的「訴求逃離痛苦」，也就是你必須要能把客戶的痛苦儘可能精準地傳遞出來，透過簡短的3到4句的問句，讓客戶勾起他痛苦或是困難的回憶，讓對方自行假設在你這邊將有機會獲得解決方案。

提問的內容不外乎是時間的消耗、空間移動的困難、金錢的浪費、成果的匱乏、與他人相較之下的落後、失去尊嚴、失去面子等種種因素造成夢想沒辦法實現的痛苦。

這部分問題的對象設定，請在你的市場中盡其所能地拓展，以打中最大數量的客群。如果能寫出一次能打中數百、上千人的提問，就不要寫出只有10個人才看得懂的提問，因為這個提問日後將會為你24小時地不斷工作，持續找到需要你的客戶，所以一定要費盡心思做好這個重點。

讓人可信任你的自我介紹

當客戶在第一階段因為你的提問而被吸引住目光之後，對方一定會想進一步了解到底是誰在和他對話？所以第二階段便是要先自我介紹一番，這整篇文案對方也才能繼續看得下去。

這裡的自我介紹不需要用說故事的方式，請以整理過的數據來呈現，以下提供你一個案例參考：

「您好，我是許凱迪，從事網路行銷領域已有10年左右的時間，過去協助至少300人以及超過30家中小企業的收入提升190%以上，主要擅長Facebook行銷，以及運用各種網路平台和機制產生大量槓桿客戶曝光效應，目前致力於經營『iPro 我最專業全球線上學習平台』，協助各領域的講師、專業人士透過網路將自己的技能、服務、生意等，24小時自動化地曝光到大中華地區。」

在這個自我介紹中，包含了3大重點：

（1）你的專業程度（在相同領域耕耘的時間）。

（2）創造出來的成果或見證。

（3）你提供什麼產品或服務？

撰寫的公式如下：

（1）你叫什麼名字，從事XXX領域已有XXX時間。

（2）你過去協助、幫助、影響、解決XXX個人數或案子，並達到XXX提升、解決、節省、創造出XXX（百分比、倍數、數量）的結果。

（3）簡短地介紹你所能提供的服務、生意、產品等等。

（4）無論如何，請務必使用數據，數據也請儘量精確，因為人們會很直覺地相信數據，使用數據可迅速讓人提升至少3倍的信任度。並且如果能使用奇數，就不要使用偶數，奇數的信任感會比偶數更高。

告訴客戶你所提供的產品或服務，以及與你接洽能獲得什麼好處？

這部分可以仔細介紹你的產品或服務，介紹的原則仍然是不斷地使用「客戶語言」，即對方可以一次就看懂能得到什麼好處的話語，當所有的好處用白話文說完之後，接著才是呈現細節的部分。這個部分若有許多專業術語或規格，而你的客群又是普羅大眾或者類別比較廣泛時，也一樣用白話文的方式加以說明解釋，畢竟我們的目的不是為了展現專業而把客戶嚇跑。

當好處說明完了，別忘了要再強調一次可以解決對方的什麼困難、痛苦，再一次地讓對方想要逃離痛苦（逃到你那邊^^）。

行動呼籲

這個部分也是大家最熟悉的了，就是要給予客戶一個指令，要對方行動，行動的方式可以是：

（1）留下資料、名單。

（2）限量幾套購買，賣完就沒有了。

（3）限時金額購買，什麼時間點之前買可以享有5折優惠。

（4）限時服務，前幾名留下資料的人，可享有我的免費30分鐘顧問諮詢。

（5）這個專案，將由我挑選適合的合作夥伴，您必須符合XXX條件，我才會為您服務。

（6）如果您正處於某某狀況，那麼我將能幫上您的忙，請留下資料或來電。

這個目的是要想辦法讓對方感受到急迫性、稀有性，若不趕快行動，就會錯失大好機會。電視購物上也有許多行動呼籲的範例可以參考哦！

當你把上述的文案全部寫完後，先拿給身邊的親朋好友閱讀，看他們會不會願意為你寫出的內容行動或是付帳，如果會的話，你就可以開始正式對外宣傳這份文案，或是把這份文案製作成影片，無論是真人親自錄影或是使用桌面錄影簡報的方式呈現，都是可以的。

若對方表示不會行動，也不要氣餒，你可以問問對方為何不會想要行動，再針對對方提出的疑問做修正、優化，再次測試，直到有人願意行動為止。

如果可以，請一定要把你的文案製作成影片。因為很多人會告訴你現在是影片行銷的時代，用影片行銷才能把東西賣出去或是把自己推銷出去，但是卻不知道原因為何。

我會告訴你真正的原因，因為一切來自於「說服力」。別人會願意立刻相信你，並且和你購買或採取行動，這需要三個元素的配合（專業能力只是基本門檻）：

（1）文字。

（2）語言。

（3）肢體動作。

而這三個元素所占的說服力分別為：

文字：7%

語言聲調：38%

肢體動作：55%

所以若你希望只藉由文字來成交客戶，那麼在你的市場中，可能每100個人才會出現15個人是客戶，那麼你的成功率便是15 x 7% = 1.05個人而已，並且還需要寫出一流的文案才能做到，這是需要長時間的練習才能達成的。

但是如果能透過影片呈現你的文案，那麼至少你可以做到：

文字＋聲音＝45%的成功率，所以是15 x 45% = 6.75個人。

若你願意再多花點心力，讓你的整個人也入鏡，那麼就可以做到100%的說服力，等於每100個人當中的15人，都能有機會100%成為你的客戶。

所以，在大環境這麼競爭的情況之下，影片行銷真的有其必要，而且現在就要開始經營，你才能持續勝出。

最後，你可能會想知道，製作宣傳影片的更多細節和技巧，或者是影片製作出來之後，要怎麼開始大力地去行銷自己，這裡我們也有想資訊想與你分享：

若你本身是屬於有在講課的講師，並想要透過網路教學的機制，讓你的課程可以自動化地行銷或曝光到整個大中華地區的話；或是你本身是以個人專業技能（任何行業均可）為他人服務以收取服務費、報酬，並想要運用本篇所教的文案技巧建立一系列的影片，讓這些影片在網路上自動地幫你傳播，為你持續開發需要你的服務的新客戶的話；或是想將這些影片設定為收費制來賺取額外收入，甚至創造出影片收入大於你的本業收入的機會的話；又或者是，你本身是經營商品銷售，你想要成為你的行業中的達人，提供給他人有價值的相關專業技能和知識，進而加強個人或企業的品牌信任度的話……

無論你是哪種類型，在此我們會提供你一系列的免費課程，教你如何製作出自己的影片，進而建立起自己的品牌專業度。

「iPro我最專業全球線上學習平台」是一個開放式的平台，可以讓你直接把製作好的影片課程放上來，透過我們不斷地經營，吸引來自各地的流量進行行銷，讓你一步步地達成上述的3個目標。

課程網址：http://ipro.cc/video

希望我們所提供的內容，可以幫助你的成功再放大10倍以上。

iPro我最專業全球線上學習平台　許凱迪 & 曾美華　著

Write to Sell

The Secret of Magnetic Copywriting

Bonus 網路行銷

誰，掌握了影音行銷；誰，就容易抓住顧客的心！

除了最簡單的在 YouTube 上面買廣告之外，在還沒有看到於 Google 發給我們的邀請函上的這個數據之前，我們就開始在「影音行銷」上下了功夫，這是我們的強項，請容許我與你分享影音行銷的 3 個做法，讓顧客更容易在這個充滿怨恨和謊言的社會裡，快速地接納與信任你。

所以，請容許我簡單地介紹「如何錄製影片」，接著再介紹「什麼樣的影片內容能吸引到觀眾」，這此先和大家預告——如果各位依此方法執行，將會「很難」沒有顧客找上門來，意思即是顧客將會源源不絕地找上門來。

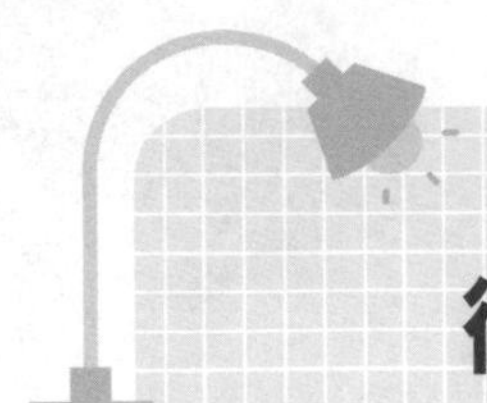

從差點去賣毒品到……

Writing

Hi，我是Howard，今天要跟你說說我之前差點去賣毒品的故事。

我是美國亞馬遜暢銷書《The Art and Science of Success》的作者（見右圖）。

不錯吧？我的意思是，當你可以和別人說自己的名字曾經出現在以下這些媒體的時候，不管怎麼樣，應該都是件很屌的事情吧～～（見下圖）

CNNMoney.com Entrepreneur SmartMoney
FASTCOMPANY FORTUNE BusinessWeek

但是，我可不想讓你無聊到睡著……所以，讓我們開始說販毒的故事吧……

那是一個正在下冰雹、非常冷的夜晚……風非常的大……

一切就像是昨天一樣。

這故事發生在一個正在下冰雹、非常冷的夜晚，風非常的大……我那該死的銀行存款只剩下幾塊錢美金了。

為什麼呢？因為在這之前，我試圖創立一個網路事業，但卻一次又一次地失敗了。

我渴望著想要快速致富，所以撥了一通電話給我的一個「朋友」，我和他說：「我需要你的幫助。」他回答：「沒有問題，等一下到Rowland Heights（羅蘭崗）一家高級餐廳等我。」

財富，美女，還有名車……

當我們在吃晚飯的時候，他告訴我他賺了多少多少錢，美女經常投懷送抱，他經常住在拉斯維加斯的Bellagio（百樂宮）豪華飯店的套房，開著Jaguar（捷豹）。

還有Benz（賓士）。

還有Ferrari（法拉利）。

（當然不是一次開三台啦，傻瓜。）

我的天啊！這一切就像我以前在電影裡看到的一樣。

他突然正經八百地看著我的眼睛說：

「Howard，你也可以做到。我保證，我可以幫你在三個月之內賺到一個月一萬五美金的收入。」

（如果你在想這人是在做什麼的話……那，販毒是正確答案。）

「風險多大？」我問。

然後他緩緩地舉起雙手，做出一個被手銬銬上的動作說：「最壞打算，蹲牢兩年……」

接著又說「我進這行這麼多年了，我知道訣竅，我不會讓你吃牢飯的。你看我，現在坐在你面前請你吃好料的，並沒有被牢房裡的大隻佬XXX……」

哈哈哈！靠！

他繼續說服我，灌輸我他的邪惡販毒計劃。

我當下很興奮嗎？

是的。

我當下需要這筆錢嗎？

當然。

我當下緊張嗎？

真他X的緊張。

我們吃完飯， 一起走出餐廳。

天空還是下著冷冷的冰雹，我發抖著。

他拿出一根菸請我（順帶一提，我不抽菸），然後指著遠方一棟奇怪的房子說：「你從這邊知道他們裡面在幹嘛嗎？」

「不。」我小聲的回答。

「那就對了，」他邊說，邊點燃他手指上的菸。

「這就是為什麼我進這行這麼久了還沒有被抓到，所以也不會發生在你身上。我很低調，在遠方的人都不可能會知道。」

臨走前，他拍拍我的肩膀說：「想想吧。」

然後就開著他的法拉利走了。

我一邊走到我的那臺2002年的二手Carmy（豐田）旁，一邊疑惑著剛剛到底發生了什麼事。

啟動馬達，在開車回家的路上，我覺得非常沮喪。

你知道嗎？當我聽到他說「販毒」這兩個字的時候，當下我只想逃出那餐廳。

我那「朋友」過的生活非常地性感。

但是，我並不是一個犯人。

我想過他的人生，但並不是做犯法的事。

所以，當我打著命運的方向燈轉到自己家門口時，我自問：

「我到底怎麼會落魄到這個地步？」

我前女友跟我分手。

（因為我連跟她出去約會，請她吃頓好的都付不起，不能怪她。）

我的朋友們都嘲笑我。

（因為我曾發下豪語要過皇帝般的生活，但搞了半天，我還是一無所有。）

然後呢？我又墮落到我人生中的最低潮。

跟一個怪怪的朋友在談如何販毒致富？他X的！什麼跟什麼？這一切都需要改變！

兩年後……Google台灣找上了我的公司

經過痛苦的掙扎，我遇到了一個生意上的貴人。

這小子每個月從網路上賺超過四萬元美金。

沒錯，而且是在，不應酬、不交際、也不開會的情況下的進帳收入。

至今，我還搞不清楚他到底為什麼要像母雞帶小雞一樣地教我，也許是看到我求知的欲望，看到我渴望著從絕望深淵爬出。

喔，也許是我還花大錢說服他的關係吧。哈哈。

那麼他到底是教了我什麼，讓Google台灣找上我的公司呢？

請容許我與你分享一點皮毛。

讓我們看下去：

那天下午，我糊里糊塗地昏睡著，因為我那幾天平均每天都只睡了三個小時。

起床時，才發現我的下一個約會要遲到了，當我還在睡眼惺忪中掙扎，想辦法要讓自己清醒的時候，我的合作夥伴Alan突然LINE我——「台灣Google總部打到公司說，我們的東西不錯，想跟我們合作，你覺得怎樣？」

「真的假的?! Hell Yeah！」是我的回答，我馬上跳起床！

我當時還一度認為Google「疑似」要花3億美金把我們公司（璞力資訊科技）買下來之類的，當然這並不是事實。

我們也一度懷疑是詐騙集團打來做他們最喜歡做的事情——「詐騙」。

直到我們收到Google總部發的邀請函，去到總部……我們才認定這一切是真的。

去Google總部很酷，在Google隨便你吃、隨便你喝很酷，在全世界最高的Google辦公室俯瞰世界超屌。但是這些都不是重點，重點在於Google發給我們的邀請函上的一句話。

「根據台北市數位行銷經營協會（DMA）推估，2013全年度台灣整體數位廣告市場規模約新台幣138.73億元，比起前一年成長近兩成，尤其是影音及行動廣告，更有70%以上的顯著增加。透過Google的協助，這塊火熱的商機，你不僅看得到也吃得到！」

OK。明顯的狀況有3個：

1.網路行銷的市場最少都是兩位數的成長。

2.影音行銷會是接下來的主流。

3.獨角獸的肉很好吃。

當然，第3點是開玩笑的！

誰，掌握了影音行銷；誰，就容易抓住顧客的心！

除了最簡單的在YouTube上面買廣告之外，在還沒有看到這個數據之前，我們就開始在影音行銷上下了功夫，這是我們璞力的強項，請容許我在簡短的幾頁裡與你分享影音行銷的3個做法，讓顧客更容易在這個充滿怨恨和謊言的社會裡，快速地接納與信任你。

這……不就是我們最想要的嗎？

所以，請容許我簡單地介紹「如何錄製影片」，接著再介紹「什麼樣的影片內容能吸引到觀眾」，這此先和大家預告——如果各位依此方法，將會「很難」沒有顧客找上門來，意思即是顧客將源源不絕地找上門來。

首先要和各位介紹的是：

如何錄製影片？

一、影片錄製工具

1. 購買影片編輯錄製軟體Camtasia的價格約99元美金，優點是操作簡單、可供編輯（推薦）。

2. 免費Google Hangout：錄好後的影片會自動轉檔，存在你的YouTube帳號裡。

3. 免費軟體Camstudio：大家都喜歡免費，所以就不多說了：）

二、影片錄製內容的九個步驟（請多加練習，這將為你帶來許多顧客）

1.抓住觀眾的注意力

抓住觀眾注意力的方式有很多種，你可以以時事、才藝、小動物……等路線都可以，只要能抓住觀眾的注意力即可。這個部分只需要五秒鐘。

這個步驟非常重要，為什麼呢？

假設你是攝影師，一般的介紹可能如下：

「大家好，我是王某某，我當攝影師已經有17年的經驗了，我參加過什麼展覽……」

……我只能說你成功的催眠了我……

這樣的方式將會使觀眾對你的注意力瞬間下降。

在此告訴你一個可以拿去炫耀的小常識，根據美國一家行銷公司Yankelovich的調查統計，你的眼睛每天看到的廣告訊息竟然高達了5000個之多！

這是一個難以相信的數字！但是，我們就活在一個資訊爆炸的世界裡，如果你沒有做出比別人更特別的廣告，你就輸了！

因此，這個步驟相當重要，需要你跳脫常規來吸引他人的目光。

2.標題保證＋為特定的觀眾族群設計影片

在錄製影片的第二個步驟裡，要立刻說出為什麼我的產品比別家來的好，然後告訴觀眾如果你喜歡這個產品的話，那麼這個影片對你來說就很重要！

好，我知道你有點不懂我在說什麼。

讓我舉例：

假設你是在賣相機，你要做「Canon PowerShot G1X」跟「Nikon1 V3」的比較，然後你比較推薦「Canon」這台的話，你就可以這樣說：

「『Canon PowerShot G1X』絕對比『Nikon 1V3』來得好，如果你非常注重在戶外拍攝出來的照片質感，卻又沒有太多的預算，那麼這個簡短的3分鐘影片將會對你的決定相當重要。」

有看到嗎？不拖拖拉拉、馬上切入重點告訴觀眾哪一個比較好，並且在簡短的3分鐘內告訴特定族群。

因為大家都沒有耐心去聽完那些無聊的簡介，所以你多加一句：「我將會在簡短的3分鐘內講解完畢」，就會是一個大加分！

保險業者也可以做這樣的比較，而且你還能夠以兒童保險為主力，讓每個人只要一想到兒童保險，就會想到你。因為所謂的小眾並不小，你可以成為這領域裡的專家，如此可以使你與一般保險業者有所區隔，讓你的顧客都成為你的粉絲，就會成功。

如果你的影片不有趣，也沒有立即切入重點，那麼觀眾不會有耐心把影片看完。因此抓住觀眾的注意力是極為重要的，而你的保證和為特定觀眾族群所設計的影片，將能相當地吸引人。

3.讓顧客知道你的產品相當有價值，以及如何購買

在進行到第三步驟的時候，我們要立刻告訴顧客如何去購買你的產品。你不會相信有多少人在錄影之後，沒有進行所謂的「Call To Action」——要人購買的指令。

因此轉換率變得相當低，正因為不是所有的觀眾都會把整段影片看完，所以要告訴觀眾怎麼聯絡你、去哪裡購買產品是相當重要的，要將這些訊息放在最前面。甚至可以告訴他由此影片得知而去購買的話，可以享有優惠價格或是免費諮詢……等等，因此在影片裡立即告訴顧客如何購買與聯絡你是相當關鍵的一步。

我們在影片的一開始，就可以先和觀眾說明可以點擊以下的網站連結來購買產品，或是可以撥打以下的電話來預約法律諮詢，讓顧客知道你的產品很好、這棟房子的價錢很划算，你必須立刻告訴他如何購買。

4.為什麼你可以給這樣的評論

這個步驟主要是以見證、個人體驗或經歷的方式來介紹你的產品。

例如你是攝影師，你要介紹Canon的相機為什麼優於其他品牌的相機，你可以說你在業界已經20年了，在這3分鐘的影片裡

立刻告訴觀眾這個差異性的重點。

或者是，有個單親媽媽曾向你租借Canon的相機，記錄了她與孩子出遊的點點滴滴，最後她對拍出來的照片相當滿意……等等。

以上4個步驟請在30秒左右介紹完畢，不需要太冗長，要簡明扼要地陳述，因為抓住觀眾的目光是最重要的。

5.好處＋特別之處

為什麼你的產品比其他廠牌好，因為搜尋這些關鍵字和看你影片的人，他們對這項產品本來就已經有興趣了，但他可能需要你的影片來得到更詳盡的介紹，以加強自己購買的欲望。

你可以在影片中告訴觀眾，如果想要知道產品的詳細介紹，這會在影片的30秒後開始。假設你是復健師，你可以說你們的技術是來自德國並結合中式的優點，同時配合遠紅外線來做治療，因此效果良好，在治療過程中也不會有任何不適。

6.馬上行動：

給予顧客你的聯絡方式、網站或者部落格等等，讓他產上馬上購買的欲望。

7.細節

此階段包括產品的包裝、成分、功能等細節都可以詳盡地介紹給你的顧客，如果你希望顧客到你的網站上購買，那麼你可以錄製一段影片來呈現整個網頁的畫面，並實際操作購買的流程：包含加入會員、點擊商品放入購物車、結帳……等步驟給他看，因為其實還是有蠻多人不熟悉網路購物的流程。如果你希望顧客拜訪你的辦公室，那麼你也可以錄製從捷運站走到你的辦公室的路線影片。

8.馬上行動＋特別優惠

將你的影片上傳至YouTube後，可以在影片下面的介紹放上你的網站、E-mail、住址、電話等資訊。如果你有給予顧客你的聯絡電話，除了放在下面的介紹之外，在影片的標題上也要一併打出，但切記「馬上行動」的聯絡方式只需要一個即可，若給予顧客太多選擇，也會讓他們不知所措。

9.找尋更便宜、更好、更與眾不同的

你可以將不同廠牌的商品做分析，讓顧客能得到清楚的比較資訊。例如，許多的YouTube影片有時會出現一個空白框，在點擊之後會連結到其他的網站，你也可以利用這種連結讓顧客做選擇。像是房仲業可以在影片中擺上三個選項：A.預算在1,500萬以內的房子、B.擁有停車位的房子、C.投資型的房子……等等，讓影片連結到你的網頁，將能帶來莫大的效益。

擁有以上的9個步驟，就好像你拿到兩張A一樣。多練習就可以準備梭哈了！

為什麼卡通行銷更有效？

現在你已經知道影片行銷的力量了，如果要自行錄製影片，前述那九個步驟可是不能錯過的。

接下來我們要介紹的是「卡通行銷」：

你看過《冰雪奇緣》嗎？《冰雪奇緣》刷新了動畫電影的全球票房紀錄，但你為什麼看到一個會說話的雪人，卻不會質疑它

在騙人？你不會這麼問的原因是因為你知道那是卡通。而這正是為什麼「卡通行銷」這麼有威力的。

心理學家曾說過：「暫停停止相信」。這指的是當你看到卡通時，你會停止思考卡通裡的情節是否合乎邏輯、以及它的可行性與真實性有多少……因為幾乎每個人從小開始都喜歡看卡通，因此當使用卡通來介紹你的產品時，就能降低顧客對你的提防心，顧客不會直接評斷是否喜歡產品的包裝、品牌等等，因為我們很少會批評卡通。

而當我們運用卡通行銷時，能更容易地廣為宣傳你的產品，並且解除顧客的心防。

因此，利用卡通可以很快地打動顧客的心，因為這是一個每個人從小到大都了解、並且喜愛的傳達方式，顧客可以單純地接收你的訊息，而不是去在意或者比較商品的細節。

但是要做出一個動畫卡通加上配音，每分鐘可能要花你10萬元以上。我想讓你知道千萬別花這個冤枉錢，稍後會告訴你，該如何做出便宜又好的卡通動畫;-)

現在我們繼續講解成功的卡通行銷食譜，不論你是獨立經銷商還是為了公司宣傳，以下有5個必須遵循的法則：

一、說故事（Stories Sell）

沒有比說故事更強大的行銷了！顧客不想要聽你的產品細節，例如：我的產品是用NASA的特別金屬做的。顧客只想要知道自己能從你的產品上得到什麼好處，越多越好。

但是一個真實的人錄影時卻很難講解這樣的產品好處，因為我們「大人」對其他人都抱持著疑心，但是相反地，利用卡通來說故事卻是非常容易的，因為卡通著重於大方向，而不是小細節。

二、和顧客說話（Join the conversation in the viewer's head）

我們隨時隨地在腦海裡都有著對話，當我們看到任何東西的時候，我們的意識就開始辯論了，例如前述的相機介紹。當你接收到訊息的時候，你的淺意識就開始對話了。

所以當我們了解這個重點之後，就要想辦法跟顧客的淺意識對話。這聽起來很難，但其實很簡單。

三、圖片v.s.文字

如果不是為了寫這一篇文章，我絕對會用卡通的方式和你們說話。因為圖片力量大於文字，這也就是為什麼我能用圖片的地方我就儘量用圖片來吸引你的注意力！

但是當你要觀眾能全心全意地看著你的影片時，你就必須放上圖片、Speech還有音樂，來達到最大的效果！

太多文字會讓人分心。人腦一分鐘可以看到275個字，用聽力的話只能每分鐘聽到150個字。所以在你的簡報影片裡如果放太多的文字，就會使人分心。

因此你要做的是，將你的卡通用少許的重點文字，加上有趣的圖片，來加深對方的注意力。

四、最好的卡通行銷影片長度

你有在「滑」手機吧？你經常一直「滑」閱你的Facebook，直到你看到想看的Po文才會停下來。在這個極度缺乏耐心的社會裡，Facebook的統計是觀眾只有90秒的注意力時間，而且前面的

7秒是最重要的，這也是觀眾決定是否要繼續看你的影片下去的秒數。

根據數字統計，最好的影片長度是在63秒至92秒之間。60秒的腳本大概有160個字，而90秒的腳本差不多是230個字。但是不管是60秒還是90秒，我們說前面的7秒鐘都是最重要的。

五、短、更短、再短

要寫一個吸引人的故事並不容易，所以一開始你可以寫長一點，然後開始刪減，一直重複這個動作，直到這個故事很短、很短、很短。

因為你要記得，「卡通行銷」專注於大方向，而非小細節！

接下來就是寫腳本的時候啦！以下是寫腳本的5個簡單步驟及範例，你可以參考：

我們的目標族群是「想要增加業績，但是卻沒有頭緒的業務」。

1.讓觀眾知道你在和他說話

例如：「你掌管一家公司的業務，但是你為事業煩心，因為你有很多的帳單要付，你擔心下一個顧客從哪裡來……等等。」

2.指出三個觀眾的困擾（痛處）

例如：「你進行陌生拜訪，但是不是被趕走就是沒有下文，你打了很多陌生電話，但是一直被拒絕，你花了太多的錢在文宣上，還很快就被資源回收掉。」

3.轉折，讓觀眾知道你有方法

例如：「天阿！ 有時候想想，幹嘛要當老闆？！但是這不是你的錯！！！

其實很簡單，你需要一個更好的商業策略，這個新的策略叫做『口碑行銷』。

這做法很容易，你的產品（服務）讓你的顧客滿意，產生了信用。於是你的顧客告訴他的所有朋友，他的朋友們心想：『太好了！』所以就打電話給你。你的產品（服務）讓他的朋友們開心滿意，『他的朋友們』再告訴『他們的朋友們』，重複這樣的循環。

但是你要如何建立綿延不斷且顧客穩定的口碑行銷呢？

這就更簡單了。」

4.介紹貴公司產品（服務）對觀眾有什麼好處

例如：「你需要一個『口碑行銷的商會』，它叫做BNI。

BNI是全球最大的口碑行銷商會，BNI是Ivan Misner於1985年在美國成立的。

現今BNI在56個國家地區有超過15萬個會員，6500個分會。每一年會有超過30億美金的業務引薦金額。

BNI的理念是『付出者收穫』，你介紹生意給我，我也介紹生意給你，業務互相支持的平台。

每個禮拜，BNI各個分會的會員都會開會聚餐，互相介紹生意機會。而BNI特別的是——每一個行業只能有一個代表，這個分會有50個人的話，就說明了有50個不同行業的代表。

所以不會有互相競爭，只會產生異業結盟以及互助的效果。

這就好像請了一隊50人的業務菁英在為你行銷，你不需要再去陌生拜訪、打陌生電話了，『口碑行銷』才是你拓展生意的最好選擇。」

5.請觀眾馬上行動（打給你也好，上網站也好……等等）

例如：「現在立刻打電話給邀請你當來賓的人訂位吧，我們好確定人數、安排場地以及餐點訂購。

當來賓，只需要準備餐費、準備很多名片，以及30秒的自我介紹，準備與很多各行各業的老闆們結盟吧！

就這麼簡單！」

你現在知道「卡通行銷」比較好了，那麼要運用在哪裡呢？

（1）YouTube付費廣告

你有沒有在看YouTube影片的時候，突然跳出一個廣告，然後要你觀看五秒鐘的廣告之後，才能關掉視窗的經驗呢？是的，我們可以將你做好的動畫放在那個位置。但是，你會有多常把廣告看完呢？

（2）Google和YouTube自然排序

這是我們璞力資訊科技最獨特的賣點！結合動畫以及獨家的影片搜尋引擎優化，搜尋引擎優化的地盤是最精華的，當顧客搜尋你的公司的關鍵字時，就表示他對這樣的產品（服務）有興趣，他們就是你要的顧客！

你有發現嗎（見下頁圖）？

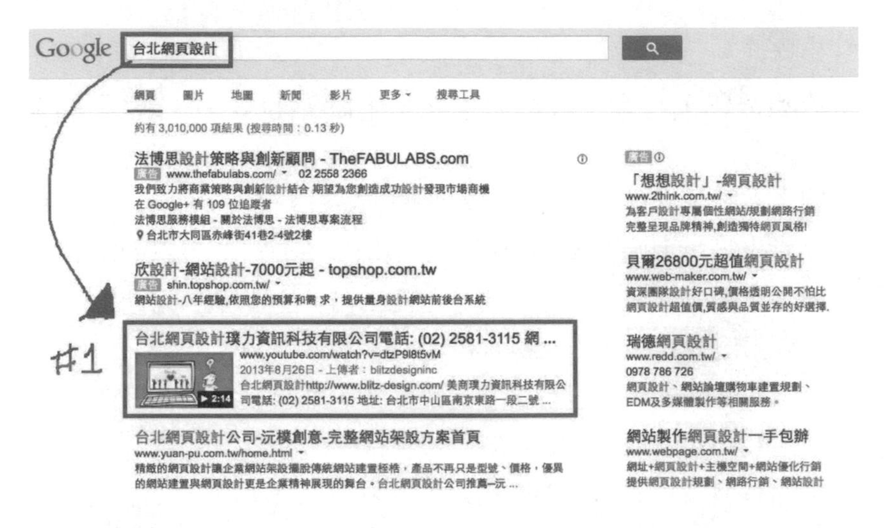

其他的自然排序都是死板板的文字，只有我們的是一張最大篇幅的圖片。

為什麼我們這麼做？

我們最一開始就利用Google買下YouTube的邏輯來推理，他們是親兄弟。如果你的網站要去做自然排序，Google會認為你是爸爸的哥哥的弟弟的表妹的表叔，類似這樣的遠親。

如果是你，你會把最好的位子給自己的「親兄弟」還是「遠親」呢？

我知道，很聰明 ;)

所以前述，光製作一個60秒的動畫，市場的報價就差不多要10萬元，而為了感謝華人八大名師之一的許耀仁老師，若憑本書來璞力資訊科技購買動畫，則有5萬的優惠價！此外，如果購買影片搜尋引擎優化的話，就有8折優惠！

有意者請洽我們公司（02）2581-3115，
就說是我介紹的就好了；）
或者E-mail給我：howard@blitz-design.com

感謝大家閱讀，以上是小弟我小小的分享！

本文作者為璞力資訊科技有限公司行銷經理
申織華

Write to Sell

The Secret of Magnetic Copywriting

文案範例

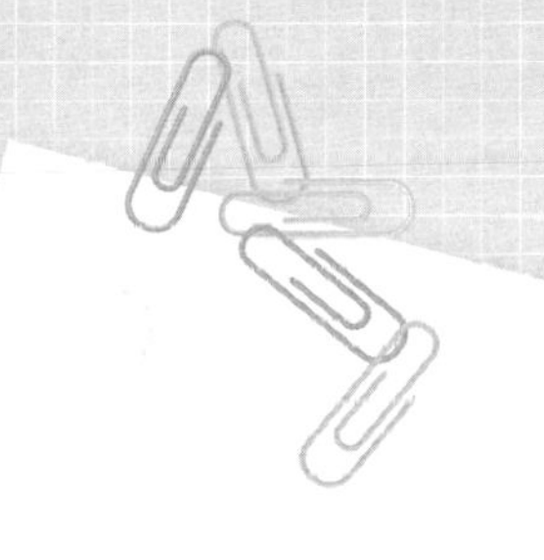

銷售文案範例 I

財富金鑰系統 The Master Key System

銷售文案範例 II

財富原動力測驗 Wealth Dynamics

銷售文案範例 III

天賦原動力諮詢 Talent Dynamics

銷售文案範例 IV

《磁力文案》銷售文案寫作班

銷售文案範例 V

咪幾 & 胖寶

以上作為銷售文案範例的相關頁面，

皆擷取自實際的網頁畫面上所呈現的內容。

銷售文案範例 I

財富金鑰系統

您看過《The Secret 秘密》了嗎？

您看過《The Secret 秘密》（或「心想事成的秘密」）這部影片或同名的書籍嗎？如果還沒有，請趕快去參加影片放映會，或趕快去買《The Secret 秘密》中文書來看，因為裡面 講的「秘密」，將會徹底改變你的人生！

《The Secret 秘密》的影片至今已銷售超過200 萬套，同名書籍上市不到半年也狂賣了500 萬冊。

這部影片探討一個「秘 密」-「吸引力法則(Law of Attraction)」:一 個人只要運用了這個法則，就可以隨心所欲得到自己想要得到的任何東西。影片 與書中由各行各業的成功人士，包括了《心靈雞湯》作者坎菲爾、《男人來自火星，女人來自 金星》作者葛瑞、《與神對話》作者沃許等來教導這個「吸引力法則」，內容真的是相當精彩，非常有啟發性與激勵性，只可惜...

《秘密》並不完整

看《The Secret 秘密》這部影片或書絕對是您要開始瞭解「吸引力法則」非常好的入門方式，但是，如果要學到如何真正在您的生活中運用「吸引力法則」，光靠《The Secret 秘密》的書或影片是不夠的。

《The Secret 秘密》中是談了許多「吸引力法則」的強大力量，也提供了很多例子乃至於那些成功人士們的親身經歷，也談了不少要應用「吸引力法則」的話「該做什麼 （What to do）」，但是可惜因為影片短短90分鐘，時間實在有限而不足以完整地告訴觀眾與讀者「怎麼做到（How to do）」。

所以，如 果只靠《The Secret 秘密》中的資訊就試圖在生活中應用「吸引力法則」，那麼有很大的可能性您會無法達到理想的成果，甚至會造成反效果。 因此，在透過《The Secret 秘密》入門之後，您還需要一套可以按部就班教您如何運用「吸引力法則」的方法。

在這個網頁中，您就將 瞭解上面的影片裡所說的，在1909年揭開這個「秘密」的人，在當年傳授給其他企業家們，幫助 他們獲得驚人的成就的那套方法，那是一套用 24週時間逐步教導怎麼完全掌握與應用「吸引力法則」的課程，請繼續看下去，您將可以瞭解到關於《財富金鑰系統(The Master Key System)》的詳細說明。

如 果您希望能學到如何真正掌握「吸引力法則」，如何將「吸引力法則」應用在生活中，隨心所欲 得到您想要得到的一切，那麼請仔細閱讀這個網頁中的資訊...

寄件者: 《失 落的致富經典》譯者 許耀仁 (關於我)
收件者: 想 要更成 功、更快樂、更有錢、更健康的人
日期: **2014年 10月 09日** 星期四
主旨:

親愛的朋友您好：

您是否曾想過...

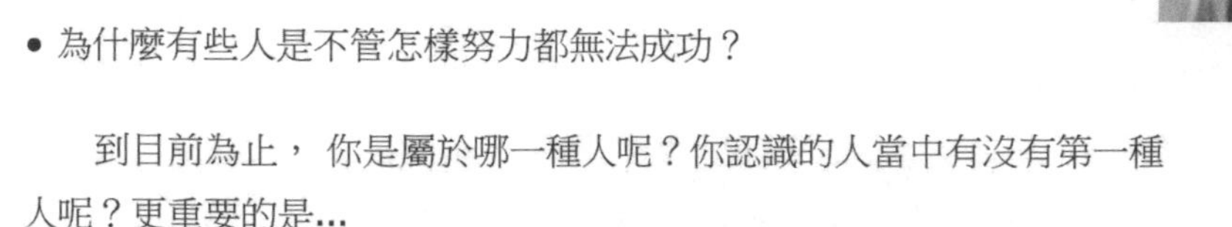

- 為什麼有些人的人 生總是很順利，總能遇到貴人、找到好機會、要什麼有什麼，總能輕輕鬆鬆實現他們的願望？
- 為什麼有些人似乎總是需要經過一番波折，辛苦掙扎 之後才能獲得成功？
- 為什麼有些人是不管怎樣努力都無法成功？

到目前為止， 你是屬於哪一種人呢？你認識的人當中有沒有第一種人呢？更重要的是...

你想不想要成為第一種人呢？

我問過很多人同樣的問 題，每個人給我的答案都是「當然想」。相信你的答案應該也一樣吧？（如果不想，那就不用繼續看 下去了😉）。如果想的話，那麼問題就變成：

1. 人可以透過某種方式變成第一種人嗎？
2. 如果可以的話，那要怎樣才能做到？

第一個問題的答案是 「絕對可以」。

你周邊應該也有一些屬 於第一類的人吧？他們之所以會「比較幸運」、「總是有貴人」、「要什麼有什麼」、「做什麼都順 利」，並不是因為他們的生辰八字或星座血型的關係，而是因為在有意或無意之間，他 們的思想與行動符合了讓他們能心想事成的宇宙定律與法則。

> **世上確實有一門有關如何致富的科學存在，而它就像數學一樣，是相當 精準的學問。獲取財富的過程是由某些既 定的法則來掌控，只要一個人能學會並遵守這些法則，那人就必定能 夠致富。**
>
> - Wallace D. Wattles
> 《失落的致富經典》

我們所生活的這個世 界，是一個基於因果法則的世界，每一個結果都有一個成因，而同樣的成因將會產生同樣的結果。所 以，只要我們也能瞭解那些讓人「比較幸運」、「總是有貴人」、「要什麼有什麼」、「做什麼都順 利」的宇宙法則，並且完全照著作，就一定也 會得到同樣的結果。

這樣的話，那要怎樣做 才能讓自己的思想與行為也符合那個掌管「成功」這件事的宇宙法則呢？在我最近一本譯作《失落的 世紀致富經典(Science of Getting Rich)》這本在接近一世紀之前出版的古書中，作者Wallace D. Wattles就詳細解說了一些法則，而書中內容也可以歸納出一個公式，這個公式是這樣的：

願景+信念+決心+感謝+有效率的行動=成功

進一步解說，就是只要 一個人能...

- 明確知道自己要的是什麼、能在心中清楚地「看到」，並且每天在心中描繪自己真正想要的人、事、物的圖像（願景）
- 不管現狀多糟糕、看起來多沒有希望、距離自己的夢想有多遠，都完全相信自己必定會得到想要的一切，沒有任何的懷疑與恐懼（信念）
- 作下「不達夢想絕不罷休」的決定（決心）。
- 每時每刻都為自己已經擁有的一切，對宇宙表達感謝（感謝）
- 每天懷抱著願景，運用信念與決心的力量，做到當天能做到的所有事情（有效率的行動）

...那麼這個人就一定可 以得到他所想要得到的一切。

你覺得這是老生常談 嗎？我一開始真的這麼覺得，但當我開始觀察認識的那些「心想事成型」的人時，我發現他們真的大 多在無意之間照著這個公式作了，而且符合的 項目越多的人的成就越高；我也發現如果他們因為某些因素而讓其思想、行為偏 離這個公式時，他們的際遇也開始不再這麼順利。有趣的是，當我回想自己到目前為止的人生時，發 現我自己的人生際遇也是如此。（你也可以想想你認識的

那些「心想事成型」的人是否也是這樣😊）

我研究「如何成功」這 個東西已經超過10年，也花了不少時間在尋找「更簡單」的成功方式（就像一個想減肥的人，雖然 早就知道最有效的方法與不變的真理就是「少吃多運動」，但是還是想要找到「更輕鬆」、「更簡 單」的減肥方法的人一樣😊）。然而到最後，我發現這句話是對的：「老生常談，就是真理」。

我發現不管你喜不喜 歡，100年前到現在有關「成功」的定律與法則從未改變，未來也不會改變；就像萬有引力定律 100年前與現在並沒有不同，未來也不會不同。所以並不需要浪費時間到處去找「更輕鬆」、「更 簡單」的方式，因為永遠找不到的，而是應該把時間心力花在解決這個問題：

如何消弭「知道」與「做到」之間的落差

在我完成《失落的致富 經典(Science of Getting Rich)》的翻譯工作並開始推廣這本書至今，收到不少讀者反映他們在閱讀與應用書中智慧時遇到的問題。

有許多朋友告訴我他們 完全相信書中所講的法則，可是在實際運用時卻遇到很多困難。

有些朋友說他們知道 「有明確的目標，而且能在心裡清楚看見」的重要性，可是不管閉上眼睛怎麼用力想、想再久，他們 「就是看不到」。也有人說他們不知道要怎樣才能在負債一堆、工作不順、甚至連下一筆收入都不知 道在哪裡的狀況下，還能「完全相信自己必定會 得到想要的一切，沒有任何的懷疑與恐懼」。

這些問題都有一個共通 點：他們都已經知道且相信「只要能做到這些就能得到自己想要的一切」，問題是...不知道怎 **樣才能做到**。

這些問題讓我發現，關 於「追求成功」這件事，要「知道」該做什麼並不難，困難的是「如何做到」。這時我開始想：有沒有一套東西能一步一步地教導，讓人

們能循序漸進 而最終能自然而然地完全依照這些「看起來很簡單」的定律與法則去思想與行動？

最後，我找到了。這答 案跟《失落的致富經典》一樣在100年前就已經現世，也一樣被隱藏與遺忘了將近一世紀…它 就是《財富金鑰系統(The Master Key System)》。

《財富金鑰系統》是什麼？

《財富金鑰系統》的作者是 Charles F. Haanel (1866 1949)，他是美國在19世紀末到20世紀初最傑出的企業家之一，他是一家當代最大企業的創辦人，同時也撰寫多本書籍，與人分享他能有如此 成功的生命與事業的經營哲學。

《財富金鑰系統》是他的第一個作品，完成時間約在1909~1912年之間。當時有一群事業上的合夥人要求Charles Haanel教導他們要怎麼做才能獲得像他一樣的成就，所以Charnes Hannel將其心得與平常所做的事整理成《財富金鑰系統》這一套每週一課，延續長達24週的函授課程。

當時，有幸能研讀這套課程的學生大多是當代成就最卓越的企業家，而且根 據記載，在當時《財富金鑰系統》的價格是1,500美金，相當於當時一般人2年的薪水！

據說，在得到並應用《財富金鑰系統》課程的教導之後，那些企 業家們都獲得非常大的成功，而其中有不少人因為怕如果有太多人都懂得這些秘密，將會變成他

們的 競爭對手，所以紛紛要求 Charles Haanel不要將這套課程公諸於大眾。因此，之後有很多年的時間都只有少數的有錢人才能學習到 《財富金鑰系統》。

不過，最後Charles Haanel還是決定讓每一個想要達到更高成就的人，都有機會接觸到《財富金鑰系統》，因此在1919年時將課程內容集結成書並公開出版。

據報導這本書共銷售了200,000本，然而在1933年因 不明原因被當時的教會組織列為禁書之後，從此消失於世...

為什麼《財富金鑰系統》會被禁？是因為內容傷風敗俗？還是有其他原因？

從以下這些當代知名成功人士（包括傳世成功經典《思考致富聖 經》作者拿破崙希爾）對《財富金鑰系統》的評價可以知道，它之所以會被禁真的是因為《財富金鑰系統》中所教導的秘密太過於強大， 使得當代掌權者或利益團體擔心太多人知道而危及自己的利益才會如此。

「成功學之父」拿破崙希爾將其事業成就歸功於《財富金鑰系統》

"我能獲得現今的成就...極大部分要歸功於您在 《財富金鑰系統》中的教導。"

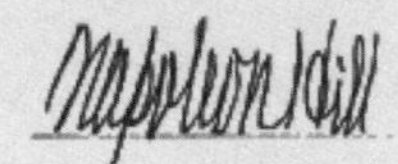

如果您對「成功」這件事有興趣，那麼必 然讀過或至少聽過《思考致富聖經(Think and Grow Rich)》這本書。作者拿破崙希爾受當代最成功的企業家之一：鋼鐵大王安德魯・卡內基之託，用盡一生心力研究成功人士的共通特質，他的諸多著作都被視為 成功學經典，而他自己也被譽為是「成功學之父」。

拿破崙希爾在1919年4月21日寫了 下面這封信給 Charles Hannel，而拿破崙希爾 直到18年後才寫下他的《思考致富聖經》。

親愛的Hannel先生：

您也許已由我的秘書寄送給您的 《Golden Rule》一月號中，得知在我22年前開始職業生涯時，只是一個每日工資只有一美金的礦工。

而最近，一家年營業額千萬美金的企業以 105,200美金的年薪網羅我；這份工作只需要我投入一小部分的時間，同時 他們已同意讓我能繼續擔任《Golden Rule》的編輯。

我向來相信應該把榮耀還給應得之人，因此我 認為應讓您知道，我能獲得現今的成就與先前擔任「拿破崙・希爾機構」總裁時的 成績，極大部分要歸功於您在《財富金鑰系統》中的教導。

您成功地幫助人們瞭解，只要是人能在想像中 創造出來的，沒有什麼是不能實現的，而我的切身經驗也證明了這一點。

我將盡力協助，讓眾多亟需您這寶貴訊息的群 眾都能認識此課程。

Napoleon Hill

《Golden Rule》總編輯

1919年4月21日於伊利諾州芝加哥市

拿破崙希爾運用《財富金鑰 系統》中的教導，使他能以他的一小部分時 間就賺得105,200美金的年收入 — 請注意，在那個時代一般人的平均年收入（全職工作）僅有 750美金！

再看看一些當代各界成功人士對《財富金 鑰系統》的看法：

Orison Swett Marden
(1850-1924)

當代成 功學大師、
《Success》雜誌創辦人
著有《最偉大的勵志書》等眾多成功經典

"　...這世界需 要能喚醒、鼓舞整個世界的人，這樣的人重要性更甚於其他一切，而您更是其中翹楚。

《財富金鑰系統》 不僅能喚醒一個人，同時增添其力量，使其企圖心不至萎靡。

《財富金鑰系統》 使人不會滿足於不足的成就、貧乏的生活、如行屍走肉般的生命，使人在明瞭自己能攀登高峰 時，不再願意屈就於平地。

Phillip Brooks曾說過，任何一個人只要略為瞭解其人生的龐大可能，就不可能願意繼續過目前的 生活。

上過您的《財富金 鑰系統》課程的人都瞭解到其人生的龐大可能性，並且被激起實現那更大可能的企圖心。只要完 成課程，每個人都獲得新的勇氣、新的衝動、新的決心，積極想要再更認真地追求更好的人生， 或是去做些比他過往人生完成過的一切都更偉大的事情。

在經歷了《財富金 鑰系統》中這些喚醒人類心靈的課程、瞭解了新規律所帶來的可能性之後，沒有人會願意再回到 舊次序之中。

我相信每個人在完成《財富金鑰系統》之後，人生各個領 域都一定能得到大幅度的提昇，且其效果將能永續。就我個人來說，雖然很 多東西不能用錢來衡量，不過如果不是除了金錢之外還能得到其他好處，我也不會願意花上千美 金來投資這套課程。"

- Orison Swett Marden

Arthur E. Stillwell
(1859-1928)

美國鐵路人亨、
《Live and Grow Young》、
《The Great Plan》、**《The Light That Never Failed》**等書作者

"　言語實在不足以 表達我對您的《財富金鑰系統》的激賞。對於願意花時間研讀並真正領會其內容的人，《財富金 鑰系統》真的是一把金鑰，他們將會發現這 把金鑰能開啟通往生命中一切好事的那扇門。"

- Arthur E. Stillwell

"　　我對神學、哲 學、古代歷史有深入研究，後來也成為這些領域的老師、我精通十多種語言、我環遊世界三次； 這一切讓我一度認為我已掌握一個人類會需要的一切知識。

因為所受的教育， 我樂觀地認為透過持續不懈地追尋，也許就能在某處找到導致世間一切事物發生的那個隱藏力 量。為此我研究了孔子、梵天、佛陀、穆罕默德、柏拉圖、亞里斯多德、達爾文、以及所有的基 督教派...然而在過去15年來到處旅遊、尋找、苦心研讀之下，仍無法找到能融會形而上學與心 理學的知識與其應用方式。

在研讀了您的《財 富金鑰系統》之後，我學到了很多我過去不瞭解的事物，我瞭解了各種自然律—如補償律與因果 律等，我瞭解到造物主與其所造之物之間的一體性（沒有任何一派神學教過這個）。《財富金鑰系統》了融合所有宗教、哲學、以及知 識，而其道理卻又如此簡單易懂；我熱切期盼能有世間所有語言版本的《財富金鑰系統》，且全世界每個學校都該拿它來做教材。"

- George L. Davis

"　　人類所能得到的 最大祝福，就是有能力去瞭解其固有的力量與可能性，並且實際去運用它們。這個能力比洛克斐 勒的全部財產還要有價值，其價值甚至比莎士比亞的天份更高。我敢說每 一個願意投注心力，以系統化的方式研究《財富金鑰系統》的聰明人，都將能獲得這個珍貴 的寶藏。"

- Jas. W. Freeman

《美國名人錄》助理編輯

"可是，那是100年前的東西，現在還會有效嗎？"

沒錯，我們活在一個「唯一不變的事情就 是『變』」的時代，但是，有一件事情是我們無法否認的，那就是「世界上有不變的真理存在」。就像幾千年前的儒家四書五經、各宗教經典等，到現在大家都還是會努力地在研究，就是因為裡面的道理到現在都還是適用。

《財富金鑰系統》也是一樣，其中所教導 的關於「成功」的種種法則也是能跨越時空的，要證明這一點，我們可以看看一些近代的證據。

微軟帝國與矽谷神話的幕後推手？

在70年代末80年代初時，《財富金鑰 系統》在消失數十年之後又謎一般再次出現並流傳於世。

據說，比爾蓋茲還就學於哈佛大學時取得 了 一本《財富金鑰系統》，受到其內容的影響與啟發之後，決定 輟學創立微軟公司，實現他那「讓每個家庭都有個人電腦」的夢想。之後發生了什麼事你一定也知 道 — 他成為世界上最有錢的人。

此外，也有傳聞矽 谷每一家成功企業的負責人，幾乎是人手一冊《財富金鑰系統》，而且都是因為運用書中所教導的法則而能創造奇 蹟。

"《財富金鑰系統》 無庸置疑是世界上最好的自我成長教材。"

-Steve Gregor

《Millionaires' Wisdom and LifesKeys》作者、網路創業家

所以，不管是100年前還是30年前， 都有一群認真看待《財富金鑰系統》中的資訊的人，因為裡面所教導的秘密而獲得極大的成功，《財富金鑰系統》的教 導是

跨越時空的，而未來也同樣會有這樣一群人出現，問題是，你 要不要是其中之一？

為什麼《財富金鑰系統》能對人產生這麼大的影響力？

最主要當然是因為《財富金鑰系統》中教導的資訊。它不只是告 訴你「想要成功就要如何如何」，還會以科學化的分析方式，告訴你這些「如何做(HOW)」背後的宇宙原理，讓你能脫離「知其然而不知其所以然」的狀態，真正瞭解宇宙間掌管「成功」這件事的 各種法則。而且，它還會一步一步引導你，讓 你能夠確實做到。

舉個例子，在前面有提過有許多《失落的致富經典》的讀者朋友 反映說他們知道「在心裡清楚看見」的重要性，但是不管怎樣努力「就是看不到」。有這樣的問題的 朋友只要確實依照《財富金鑰系統》的引導，到了第六週就可以解決這個問題，而也能具備「在心裡 清楚看見」的能力。你過去在各種成功學書籍、課程、演講裡找不到的答案、解決不了的問題，都可 以在《財富金鑰系統》中找到與解決。

當年最原版的《財富金鑰系統》是以函授方式 進行的，有幸參加課程的學生們每週會收到一課內容，裡面包含當週的課文與實作 練習。

Charles Haanel要求學生做到每天至少研讀課文1次、每天至少進行實作練習15-30分鐘，而且如果沒有做到，則不可以進入下一課。

會做這樣的要求，是因為《財富金鑰系統》每 一週的課文內容與練習都是建構在上一週的基礎上，所以如果學生沒有

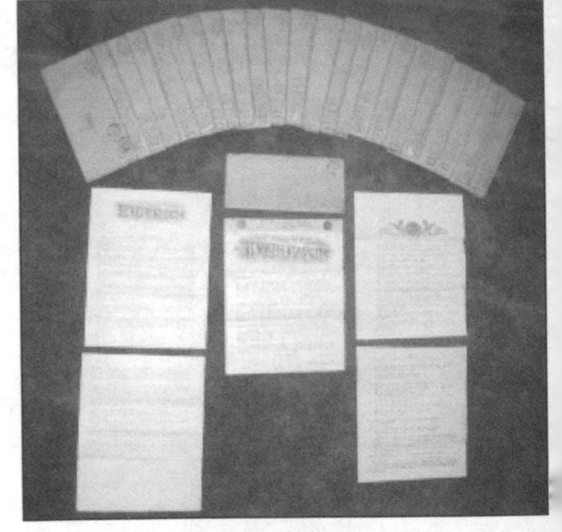

原版的《財富金鑰系統 (The Master Key System)》，這些珍貴文件現在大多被收藏家與大企業家珍藏著。

確實完成上 一週的進度，那麼即使勉強進入新進度，效果也會大打折扣。

《財富金鑰系統》能對人產生這麼大的威力，這樣的進行方式也 是很大的原因，因為：

☑24週的內容與實作練習都是由簡入 繁、由淺入深，讓學生能按部就班打穩基礎。

☑每週只要專注於搞懂當週內容、熟練當 週的實作練習，所以學生不會資訊超載而 不知從何著手。

☑進度是一週一週進行，這也強迫學生必 須依照進度來，沒有「只挑自己喜歡的去 做」的機會，可以真正打好必要的基礎。

有很多人很努力追求成功之道，他們讀了很多書、上了很多課 程，但卻仍然沒辦法得到理想的成功境界。歸納起來，我認為「資訊超載因而不知從何著手」與「只 挑自己喜歡的做」這兩個往往是最主要的原因。

而《財富金鑰系統》就可以解決這些問題。

因此，我決定繼《失落 的致富經典》之後，再將《財富金鑰系統》全數翻譯成中文，推廣到華文世界。所以現在...

你也可以親身體驗這部成功密笈的威力！

《財富金鑰系統》在70多年前謎一般地消失，又在30多年前謎一般地出現；然而一直沒有改變的是： 總是只有一小撮人能一窺《財富金鑰系統》的奧妙。

將近100年前，只有願意且有能力一次付出一般人2年薪水的人，才能得到《財富金鑰系 統》中的秘密；70年前，《財富金鑰系統》被禁，就算有錢都沒辦法得到這秘密；20~30年 前，只有少數菁英如矽谷的創業家們才能接觸到這部偉大的成功密笈...但現在，只要你願意，就 可以開始讓《財富金鑰系統》幫助你掌握成功的秘密。

在你收到《財富金鑰系統》課程之後，會發現 我們將不惜成本將24週課程的課文進度都分別封裝起來，這是為了讓你能跟 100年前的那批企業家菁英們一樣，能循序漸進，每 天至少研讀一次當週課文，並每 天至少做當週實作練習15~30分鐘，而我相信，只要你能 依照當時Charles Haanel帶領那些企業家菁英一樣的方式，你一定也能得到一樣的成果😊！

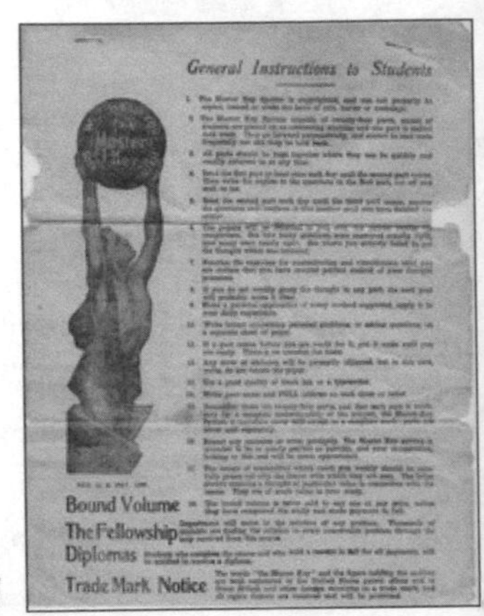
General Instructions to Students

Bound Volume

The Fellowship

Diplomas

Trade Mark Notice

原版《The Master Key System》課程的學生指南(點選可看大圖)

不只如此，為了更進一步提高你在進行課程時 的吸收度與成效，我還將另外附上幾樣東西：

三大超級贈禮免費送！

Super Bonus #1:

《財富金鑰系統》24週實戰手冊

(價 值NT$4,800)

這套實戰手冊是採用與《財富金 鑰系統》同樣的設計概念：分為24個部分，每週內容都是架構於前一週之 上，由簡入繁、由淺入深，內容包括：

- 當週《財富金鑰系統》課文 的精要解析與補充說明 ─ 幫助你真正掌握課文中亙古不變的成功智慧。

- 多 種經過多年驗證的實作練習法 ─ 這些練習會要求你做些關於心靈上的鍛鍊、深度探索你的內在世界，或是要你思考並寫下一些攸關你的人生的重要問題。這些練習將幫助你完全釐清人生方向，搞清 楚你真正要什麼，你也將在這個過程中往你的「成功」境界邁進。

只要每天確實研讀課 文、做課文中指示的實作練習，再搭配上實戰手冊的補充內容與練習，你很快就能 掌握那些掌管「成功」的宇宙法則，讓你不管各個方面都心想事成！

Super Bonus #2:

《財富金鑰系統》中文有聲書CD+MP3

(價 值NT$7,200)

《財 富金鑰系統》有聲書對你學習與掌握課程中的智慧將有非常大的幫助，因為：

可 以運用多重感官來學習，發揮最大效果 — 根據心理學家研究，在學 習任何事物時，運用的感官越多，就越能保存學到的知識。 除了用眼睛閱讀之外，再加上用耳朵聽，將可以更進一步刺激你心靈創造力的 發揮。

「閱 讀」與「聽講」並行，兩種學習方法的優缺點彼此互補 — 以閱讀方式學習，好處是能記憶得更久，但缺點是人對透過眼睛接收到的資訊比較容易懷疑與保留；而透過聽講方式學習，好處是容易接受所收到的資訊，但缺點則 是容易忘記。課文+有聲書的搭配將能使兩種學習方式互補有無，達到最高的學習效果。

只要 你現在就訂購《財富金鑰 系統》24週自修課程，就可以免費獲得一套24片的《財富金鑰系統》課文有聲 書CD，裡面包含MP3格式的檔案。在不方便閱讀的場合，你就可以使用CD Player或MP3隨身聽，反覆吸收《財富金鑰系統》每一課裡的智慧。（P.S.這可是100年前Charles Haanel沒辦法提供的東西）

Super Bonus #3:

"1911年出版，消失近百年的致富經典"～《失落的世紀致富經典》

(價 值NT$230)

這本 書原名Science of Getting Rich，作者是Wallace D. Wattles。

在 1911年出版的《失落的致富經典》，已經被列為50大成功學經典之一。近百 年來已經幫助無數人改變他們的一生，現在您也有機會一窺其中奧祕。

閱讀《失落的致富經典》後，您將能瞭解：

- 組成成 功公式的五大要素
- 造成一個人富有與貧窮的 關鍵因素，以及你要如何才能跟有錢人一樣行動
- 為 什麼靠節儉跟存錢無法讓你變有錢
- 要 變成有錢人就必須瞭解的三個簡單事實
- 如 何在追求財富的過程當中，讓每一個跟你打交道的人都獲得更多、過 得更好。
- 如 何永遠消除你內心中的懷疑、憂慮、以及恐懼。
- 為 何你以前所聽到、讀到的目標設定、安排計畫、以及時間管理所教導 的東西都錯得離譜

- 如何正確使用你的時間，讓你能留下更多時間給你自己與你的家人

- 不管你認為目前的狀況多糟，都能開始邁向致富之路的方法！

- 如何讓你所做的每一件事都成功（即使你之前試過但失敗了）

- 能讓你快速又簡單地得到理想工作的方法

- 還有很多珍貴資訊...

光是這三項贈禮加起來價值就有NT$12,169，這等於是我在想辦法賄賂你，拜託你一定要給《財富金鑰系統》一個機會，讓它幫助你扭轉人生或是幫助你更上一層樓。但是，即使如此還是一樣...

決定權在你手上

接近一世紀以來，《財富金鑰系統》中的智慧已經幫助很多人從不成功變得成功、從成功變得更成功。

而24個星期之後，有一群人的人生將會有突破性的進展，甚至全然改變。他們的人生開始變得「很幸運」、「總是有貴人」、「要什麼有什麼」、「做什麼都順利」，他們的內心沒有懷疑、恐懼，總是平靜而充滿喜悅，他們擁有令人羨慕的財富、健康、與快樂。

你想成為其中之一嗎？

按這裡

等一等，在你按下這個 連結之前，我得要先提醒一件事：

不是每個人都適合《財富金鑰系統》！

別誤會，《財富金鑰系 統》是一體適用的，不管是誰都可以運用其中的秘密來達成他心目中的「成功」境界。

那為什麼說「不是每個 人都適合《財富金鑰系統》」？因為，如果你期望的是能找到一種能讓你「快速致富」的方式、如果 你想找的是能讓你輕輕鬆鬆什麼都不用做，一瞬間就脫胎換骨變成 一個「成功人士」的方法，那《財 富金鑰系統》沒辦法幫你，而我也相信你就算再繼續找一輩子也找不到那種東西。

《財富金鑰系統》的教 導蘊含著非常強大的力量，這力量足以讓你的人生徹底改變，然而要讓這股力量在生命中發揮作用， 會需要投入時間跟心力。

> "關於「致富」、「過更有 錢的生活」這些事....大部分人都只是心裡想想、嘴上講講而 已。他們確實很想要這些東西，想要的程度高到讓他們會對擁有這些 東西的人心懷怨恨，但卻又不足以讓他們願意去認真「研究」到底如 何才能得到。"
>
> - Dan Kennedy
>
> (美國直效行銷之神)

你得要願意在未來24週當中，固定每天至少花1小時的時間來 「研究」當週課文以及做當週的實作練習。這相當於需要經過大約半年時間的修 練，總計至少要投入168個小時來研究與實際操作《財富金鑰系統》。

那...參加這個課程要花多少＄＄？

看到現在，你覺得這個 課程「值」多少錢？

你願意花多少錢得到《財富金鑰系統》裡的秘密？如果你活在100年前，就得要花一般人2年不吃不喝的錢才能學到這 些秘密，但是現在你只要每週投資不到台幣300元，輕輕鬆鬆就可以得到這一部有錢人不想讓你知道的成功密笈。

只 要投資24週、168小時的時間、每週不到300元，來換取一輩子的幸福與快樂，值得嗎？如果你覺得「不值得」，或者覺得你不願意或沒辦法做到，那麼很遺憾，《財富金鑰系統》幫不上你的忙。如果你覺得「值得」，那麼你還在等什麼呢？趕快點下面的連結立刻註冊《財富金鑰 系統》24週自修課程吧！

你的決定如何呢？

太值得了！我要立刻開始！

祝你成功

許禔仁

《失落的致富經典》譯者

P.S. 請立刻註冊《財富金鑰系統》課程，你將成為華文世界的首批成功見證！

地址：251新北市淡水區中正東路一段3巷13號6F
Tel:(02)8631-6625(02)8631-6625 Fax:(02)8631-6613
email：service@zero-resistance.com.tw

財富原動力測驗

HOME ｜ 8大成功路徑 ｜ 購買測驗代碼 ｜ 進行測驗

你正試圖用什麼方式創造財富？
房地產？股票？基金？創業？網賺？傳直銷？期貨？貴金屬？網路行銷？
不管是哪一種......

你選擇的賺錢方式可能根本不適合你！

而要是選錯方向，你可能會需要比他們多努力十倍、多花十倍的時間...
...卻還不見得能跟他們一樣成功......

Hi~

歡迎你進入這個網頁，我將在下面的文字當中，跟你分享一些在「成功致富」這個領域，我非常希望10 年前就能有人告訴我的資訊與方法。

不過，由於我不喜歡浪費自己的時間、更不喜歡浪費別人的時間；所以，在繼續談下去之前，我得先問個簡單的問題，以確定一下你有沒有來對地方，這個問題就是：

如果你不是只能透過在跌跌撞撞之中盲目摸索、然後碰運氣看看能不能找到最適合自己的賺錢方式；如果有個方法能直接告訴你對你而言，阻力最低的創造財富方式是什麼……

你會想知道嗎？

如果你的答案是「Yes」，那你來對地方了，這個網頁中的資訊將會讓你的事業 / 工作、財富收入以及個人成就等領域，產生巨幅的成長提昇……只要你願意採取需要的幾項簡單行動。

在那之前，讓我先說個故事：

20 世紀初，美國有個二十來歲，熱愛音樂的年輕人，原本以談鋼琴為業，後來開始從事推銷工作。

當推銷員一段時間之後，他賭上房子的抵押貸款與畢生積蓄，取得一個奶昔攪拌機品牌的獨家代理權，之後兢兢業業地在全美四處奔波推銷攪拌機。

一恍眼就是 17 年，已經 52 歲的他仍然是高不成低不就的狀態。

有一天，他接到一筆一次要訂購 8 部攪拌機的訂單，這讓他非常驚訝，因為當時一家餐館通常只會訂購 1~2 部而已；後來，他又聽說那家餐館生意好到奶昔機得要全天候運轉才能負荷。

他很好奇那究竟是何方神聖，而決定親身前往，一探究竟。

這麼一探，激出他 52 年來都不知道自己擁有、也從來沒人告訴他說他有的潛能，他在那家餐館中看到龐大的可能性，他腦中不斷浮出各種令他興奮到睡不著覺的想法……

在那次探訪之後，經過七年的努力，他成功地說服餐館老闆把餐廳讓給他。

後來，在他的運籌帷幄之下，這家餐館的圖騰「金色拱門」迅速地擴張到各個國家的各大路口，成為今日速食界的巨人。

這家餐館就是「麥當勞」，而故事中的主人翁，就是麥當勞之父 雷 · 克洛克 (Ray Kroc)……

到這裡，讓我先問個問題：「你認為麥當勞為什麼會成為速食界的巨人？」

原因當然很多，但歸結起來不脫兩個字:「系統」。(你應該不會回答「因為食物超好吃」吧？)

雷 · 克洛克是因為他那優異的「建構與優化系統」的能力，才成功建立了麥當勞這個速食界巨人，然而他生涯的前 30 年都在試圖用什麼方式創造財富？

答案是：推銷。

想想看，會不會其實你也跟 雷 · 克洛克一樣，明明喜歡也擅長「A」，卻一直想透過需要擅長「B」的方式獲得財富？

如果是的話，那如果你追求成功的過程中內外在阻力不斷、即便比別人更努力、更認真在學習與工作，錢包跟帳戶中的數字還是一直沒有反應……就一點也不奇怪了。

所以，如果你：

- 明明已經很認真、很努力了，卻總覺得自己好像在爬上坡一樣，耗盡力氣卻看不到什麼進展？
- 已經投資了不少錢與時間在自己的腦袋上，但不知道為什麼，那些「大師」們教的方法，自己就是用不順、看不到效果……
- 發現奇怪怎麼別人學了、用了同樣的方法，之後就一帆風順，一下子就創造出令人羨慕的成績，只有自己沒有…
- 明明早就知道只要如何做就能成功，但就是提不起勁去做、沒有熱情……

這些現象都在告訴你一件事：

{其實你學的、或正在用的賺錢方式
並不適合你！}

我不是說那些方法不對、不好、不能讓人賺到錢。

我的意思是，一個感覺上好像已經讓很多人輕鬆愉快自在地賺到很多錢的方法或途徑，如果他不適合你，那到了你手上就不見得能產生同樣的成果；反過來說，即使是一個過去沒有任何成功案例的賺錢管道，只要它適合你，那成功的機率就會非常、非常高。

而如果你不先停下來，搞清楚自己到底最適合哪一種賺錢方式，那即使你再多花 10 倍的時間、多比別人努力 10 倍、多投資 10 倍的金錢去學習，也一樣很難達到你理想的成果。

"要怎樣才能知道自己適合的賺錢方式？"

在過去，由於只有極少數的人，或者因為某些機緣、或者純粹是運氣使然，很早就誤打誤撞地找到自己最適合、阻力最低的賺錢方式 (我稱之為「財富之流」)，而即使是這些人，他們大多也都說不出來自己倒底是做對了什麼，才能有如此的成就…

所以，你很難找到人協助你找到自己的財富之流，只能在跌跌撞撞中透過各種慘痛經驗來調整方向。

如果運氣好的話，你也許可以跟雷．克洛克一樣，至少在有生之年還是找到了自己最適合的成功致富之路，闖出一番成績；但如果運氣不好的話，那就會跟 95% 的人一樣，終其一生都找不到自己的「財富之流」。

雖然肯定沒幾個神智清楚的人會想要把自己人生的成功與否交托給「運氣」二字，但說實在在過去，坊間好像也沒什麼科學又有效的方法可以幫

助我們突破這個窘境……

不過現在，這個狀況改變了。

{ 只要25分鐘，就能找到你創造財富的最低阻力之路！ }

亞洲頂尖的創業大師羅傑‧漢彌頓 (暢銷書《順流致富法則》《Wink(中譯本 " 瞬間致富 ")》等書作者) 在於 30 歲時透過自行創業達到財務自由之後，選擇了一個新的挑戰，實現「全球富裕 (World Wide Wealth)」的願景。

他認為，能最有效率地達成這個願景的方式，就是協助更多已經創業、或有志於創業的人獲得成功，而為了做到這一點，他整合了東西方哲學，並分析許多當代高成就人士的成功歷程，歸結出一套能為你分析、釐清你最適合的創造財富方式的分析測驗，這套測驗的名稱叫做《財富原動力 Wealth Dynamics》。

進行《財富原動力》測驗最多只要大約 20-30 分鐘時間。在完成測驗之後，你將會收到一份 25 頁的結果報告，這份報告中將包含你如何能找到並進入自己的「財富之流」的重要策略。

報告中的內容包括：

- 依據你天生的傾向，你是屬於八種「財富之流」中的哪一種
- 你所屬類別的優勢與劣勢
- 要進入你創造財富的最低阻力之路，你該採取的關鍵六步驟策略

- 要倍增你創造財富的速度與數量，你會需要先找哪些類型的人合作
- 還有很多很重要、但可能從來沒人告訴過你的致富觀念……

得到報告中的資訊，你將能：

- 知道往後該對哪些看似誘人但其實並不適合你的機會說「No」。(p.s. 這點非常、非常重要！)
- 清楚該加強並多發揮自己的哪些部分，以及哪些部分是該跟人合作，交由別人協助自己處理的
- 擁有一份清楚的地圖，知道要怎樣才能找到並走上你創造財富的最低阻力之路，把你創造財富的能力發揮到極限
- 明白哪些類型的人最有可能成為你事業 / 工作上的貴人，而哪些類型的人則對你不會產生太大的幫助、甚至可能扯你後腿
- 了解如果你有想實現的夢想 / 目標 / 願景，那要如何才能組織一個可支持你並補足你的弱項的團隊
- 還有很多…很多……

"真的能產生這麼大的幫助嗎？"

《財富原動力》測驗在全球已經幫助超過60,000位創業者與實業家們，找到他們的「財富之流」；除此之外，也有許多在相關領域的專家、顧問或教練們都使用《財富原動力》測驗來幫助他們的客戶們釐清自己最應該專注在哪個領域上、以及應該優先找到什麼類型的人才來協助自己。

不過口說無憑，讓我們直接看一些國外的見證：

"在我要開始指導來自世界各地的實業家們之前，我都會讓他們先完成《財富原動力》測驗；透過測驗結果，我可以馬上知道他們應該要專注在哪些領域、以及其團隊中會需要哪種人才。這是一套真正有效的工具。"

- Mike Southon

國際暢銷書《The Beermat Entrepreneur》作者

"... 針對你個人通往財富的路徑，提供了極有價值的真之卓見與重大關鍵。《財富原動力》可以讓你在人生的財務航道中，成為一個更好的駕駛。我非常推薦這套系統。"

- Ron Kaufman
國際暢銷書《Up Your Service!》作者

"那做這個測驗要多少錢？"

只要上網 Google 一下，就會知道在跟我們一樣需要翻譯的日本，光是要做《財富原動力》測驗，就需要掏出 13,000 日圓，也就是大約 **NT$5,100** ！

雖然我們要提供中文版測驗，背後的成本實在挺高，而且之前在談代理時，我們在價格部分獲得的建議是：「你們可以跟日本一樣提高價格」……

不過，為了讓華語地區能有更多人從這套系統中受惠，我們還是決定不要定像日本那種誇張的價格；所以，現在你只需要投資 **NT$3,600** 就可以能享受到《財富原動力》測驗能帶來的好處。

千萬別猶豫，每一秒考慮的時間，都是在讓你找到並進入你的「財富之流」－你創造財富的最低阻力之路的時間繼續往後延遲，所以……

什麼？！你說：

"我覺得有點貴耶……"

請想想看……

你會想跟雷．克洛克一樣，直到五六十歲才開始發光發熱，雖然還是有找到真正適合自己的成功之道，但卻錯過了能讓自己與所愛的人享受你好不容易創造出來的成功的黃金時期嗎？

而如果做這筆小小的投資，就能讓你因為懂得該對哪些機會或資訊說「No」，少浪費好幾年的時間在跌跌撞撞中找方向、能讓你知道該將有限的學習經費優先投資在哪些課程上 (我自己就浪費過不少錢去學一些學起來很卡、用起來不順、或甚至不會想要把它拿出來用的東西。)、能讓你知道該先找哪些人合作來互相幫忙以及自己在團隊中最該扮演的角色是什麼⋯..

這實在是太便宜了！

如果還在考慮，那再告訴你一個好消息：

由於現在是《財富原動力》測驗的推廣期，因此我們提供一個限時的超優惠價格，只要你能現在就決定作《財富原動力》測驗，就只需要投資：

~~NT$3, 600~~

NT$3, 200!

推廣期一結束，價格就會調回 NT$3,600，所以⋯⋯

在接觸並深入研究了《財富原動力》之後，我自己非常、非常希望十

年前就有人告訴我這些資訊，這樣肯定可以讓我在追求心目中的成功的過程中，少碰些壁、少花點時間在透過錯誤中摸索學習、少浪費點錢在學一堆不適合我以致於根本用不出來的東西，讓我能把寶貴的時間與金錢等資源，投資在對的方向上……

而我希望盡可能讓少點人在十年後有同樣的感嘆，多點人能儘快找到並進入自己創造財富的最低阻力之路，能有更多時間去體驗並享受生命。

如果這是你會想要的，那請別再猶豫了…

期待你與我分享找到 & 進入財富之流之後的美妙體驗～

P.S. 再次提醒，在你確認自己的「財富之流」－也就是你最適合的、對你而言阻力最低的創造財富方向是什麼之前，你投資在尋找、學習或者實際去操作任何賺錢方式的時間與金錢，都很可能是在浪費這兩個寶貴的資源！

所以，千萬別再讓你真正成功致富的時間往後拖延，現在就作《財富原動力》測驗，找到你的「財富之流」！

【財富原動力】全球繁簡體中文代理

銷售文案範例III

天賦原動力諮詢

每天像活死人一般拖著行屍走肉般的身體去工作，你受夠了嗎？

如何找到熱情、天賦與收入之間的「甜蜜點」，讓你每天早上都像小朋友期待遠足一樣，想要趕快開始一天的工作！

Hi~~

你現在每天要開始一天的工作之前，是怎樣的感覺？

是充滿期待、迫不及待希望趕快開始一天的工作？還是在上班的路上，隨著離辦公室越來越近，你心裡的抗拒就越來越大，甚至希望最好發生一些事情(e.g. 突然刮颱風、下大雨淹水、或身體不舒服到可以請假的程度...等等)讓你今天可以不用進辦公室？

你也許也很奇怪自己會有這樣的感覺，因為你的工作其實挺穩定、收入也還不錯，你在工作上的表現也不差、常常得到主管與同事的稱讚，在跟朋友們聚會聊到各自的工作時，你的工作與收入也常常是別人羨慕的對象......

只有你自己知道，早在不知多久之前，你就已經對這份工作沒有感覺了。

在一天的工作開始之前，你的感覺是抗拒多於期待；在一天8小時以上的工作中，支撐著你繼續把工作做好的不是對那工作的熱情、而是為了不讓人對你的期望落空的責任心；

好不容易結束一天的工作之後，你得到的不是成就感以及對隔天的興奮期待，而是一種能量耗盡的虛脫感......讓你下了班之後滿腦子只想著休息。

你也開始發現，自己在工作上的這種「逆流」狀態，已經影響到工作以外的整個人生：你的心情、你的健康、你的關係......等等。

你的腦子裡甚至常常會縈繞著這樣的疑問：

「這就是我的人生嗎？」

你隱約知道在這樣下去不行、必須要作一些改變了，但是想到該要作怎樣的改變時，卻讓你更加茫然：

- 該請調到別的職務？但是又該換到哪個部門去？
- 該直接換個工作？...但我找得到更好的工作嗎？就算找到了，那就能保證同樣的狀況不會再發生嗎？
- 還是乾脆自己出來創業？但要做什麼？第一步要怎麼著手？

最後，你可能決定採取最簡單的作法，那就是什麼都不要作，繼續在現在這個工作上當個行屍走肉，像個活死人一樣撐過一天是一天。

你還想繼續當這種「活死人」嗎？

如果你符合上面的描述，而且你的答案是「我才不要」，那我們就可以繼續聊下去了:-)。

我是王莉莉Shila，我是 [啟動夢想吸引力] 一書的作者，也是 [秘密] 系列的續作包括 [力量]、[魔法]、以及[英雄]等書的譯者。

而除了翻譯、演講、授課之外，我還有另外一個身分是英國[天賦原動力](Talent Dynamics)的認證諮詢師。

我的專業是透過測驗+諮詢的方式，協助在生涯上覺得迷惘或「卡住」的朋友們釐清自己的熱情與天賦，並且進一步找到如何在工作上發揮自己的熱情與天賦，讓每一天的工作都不再是負擔。

也就是說，我可以協助你......

找到你"熱情"、"天賦"與"收入"的「甜蜜點」！

This site was created using WIX.com. Create your own for FREE >>

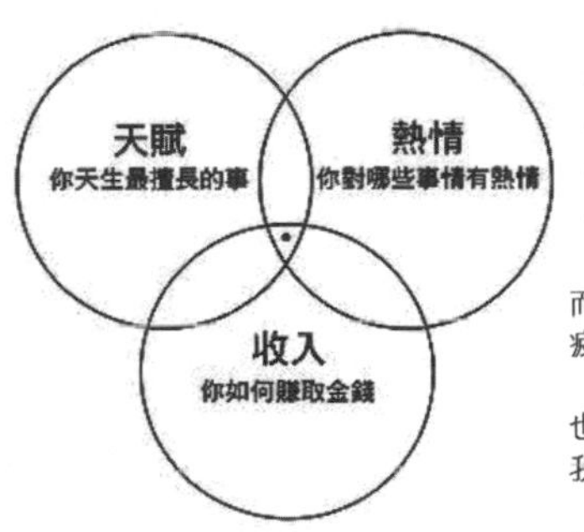

- 能自然而然完全專注在手上的工作(不必用力要自己專心)
- 忘記自己、忘記旁邊的人、甚至忘記整個世界的存在
- 不會注意到時間過了多久
- 變得超有創意而且非常有生產力

而且，在工作結束之後，你還會感覺到非常深層的滿足與喜悅，即使身體疲累，心裡卻像是充飽電的電池一樣.....

也許這不是你第一次聽到這樣的說法？所以也許你會有點想翻白眼說「這我早就知道了，問題是我就是找不到啊～～」

好消息是，老天早就留下線索給你了，只要你沿著這些線索去追究，就也一定可以找到你的這個「甜蜜點」。

在我使用的「天賦原動力」系統中，這些線索是來自於...

...你的「本質能量」！

在英文裡，「天賦」也可以用「Gift」這個字，而這個字又有「禮物」的意思，也就是說，你的天賦就是上天在你要來到這個世界的時候，送給你的禮物。

每個人都帶著不同的禮物來到這個世界上，而你拿到的是什麼禮物是由你的「本質能量」來決定。

TALENT FREQUENCIES

Dynamo: 32% Blaze: 48% Tempo: 16% Steel: 4%

- 如果你的「發電機」能量特別高，那表示你腦筋很靈光，常常有很多天馬星空、鬼靈精怪的想法，你很喜歡新事物，如果要你去作可以創新的事情你會非常喜歡。
- 如果你的「火焰」能量特別高，那表示你很喜歡跟人相處也喜歡交新朋友，而通常你光是用那外放的能量就可以影響別人；如果讓你去作那種「號召一群人去完成某件事情」的事，你會非常享受那整個過程。
- 如果你的「節奏」能量很高，那代表你的天生感知能力就很高，很能感覺到他人的狀態，並且在當下作最適當的反應。
- 如果你的「鋼鐵」能量很高，那就表示你天生喜歡而且非常擅長針對資料、細節、流程、系統等「事情背後的道理」作收集或研究。

了解你的本質能量，就能知道自己該選擇哪些類型的工作，才能找到你「天賦」「熱情」與「收入」三者之間的甜蜜點，而又該對哪些類型的工作說「No」，以免進入能量的惡性循環。

以我自己來說，在我「天賦原動力」測驗結果中最高的是「火焰」能量，有48%、第二高的是「發電機」能量有32%；我的「節奏」能量只有16%、「鋼鐵」最低只有4%。

這表示對我而言，就算我目前對接下來要轉換到什麼工作一點想法也沒有，我也馬上可以知道自己的「甜蜜點」絕對不會在像會計、行政、寫程式這些沒什麼機會跟人接觸的工作。

透過「天賦原動力」把自己放在最順流的位置

因為我這四個本質能量裡「發電機」跟「火焰」的比例最高，所以我在「天賦原動力」系統當中是屬於「明星」這個類型。

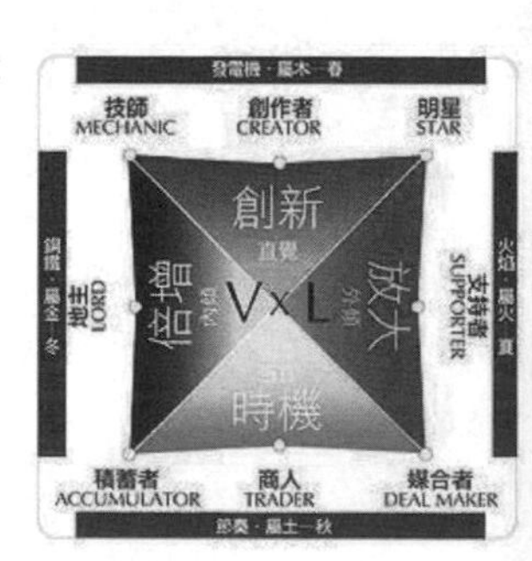

在「天賦原動力」中對於我這一型的部分描述是：

"「明星」座落在【天賦原動力】圖表的右上角,既有創意又外向—這表示他們會 從周遭人的反應找到線索。他們愈引人注目,愈感到自在,並因此吸引更多人。跟創作者型的人一樣,「明星」型的人在能不被打擾地從事創作時,表現最為 出色;不過,他們最擅長創造的並不是產品,而是創造新的演出方式。"

簡單說，像我這種類型的人會很喜歡也很能接受新奇的東西，同時也很喜歡一對多的溝通，如果把我自己放在像是跟行銷、促銷推廣、業務、領導、表達、危機處理、激勵、或是開始新專案相關的位置上，就會更如魚得水。

比如說，像我在師大英語研究所畢業之後，除了當英文之外，有一段時間是在中山女高作行政，負責的事情是管理學校的各個社團；因為是要跟社團幹部們互動這種跟「人」有關係的事情，而且因為有很多機會可以協助小朋友們實現他們的各種新奇鬼點子，所以我的工作表現不管學校還是學生都有很好的評價。

不過更重要的是：那段時間的工作讓我覺得非常的愉快。

反過來說，如果我勉強自己去作跟像是財務細節、研究與度量、客戶服務、深入細節的寫作、耐心聆聽、專案管理等等領域相關的事情，那麼要不覺得「逆流」都很難。

這些資訊都很詳細地寫在「天賦原動力」的報告裡：

在團隊中的最佳角色：可發揮創意的專案、大方向的思考規劃、專案的推廣、領導團隊、以人為核心的領導、透過對話與討論來學習、透過辯論與表演進行溝通。

在團隊中最不適合的角色：研究細節、確保準時、系統規劃、觀測度量、照顧每一個人、保守自己的觀點、以細節為核心的領導、透過課本學習、透過資料進行溝通。

最適合的工作項目：行銷、促銷推廣、業務、領導、表達、危機處理、激勵、開始新專案。

最不適合的工作項目：財務細節、研究與度量、客戶服務、深入細節的寫作、耐心聆聽、專案管理。

除了這些之外，在報告裡還有很多其他非常重要的資訊，包括你所屬類型的最佳領導方式、最佳溝通方式以及要怎樣最能進入你的「順流狀態」之中.......等等。

如果你也知道這些事情的話，就可以在工作或事業上，把自己放在對的位置，而這時工作對你來說就不再是耗盡能量的折磨，而會變成每天的大部分時間都在遊戲一樣。

現在就做「天賦原動力」測驗，
只要25分鐘，就能了解你的順流路徑

很多人會問我：「天賦原動力」跟其他測驗有什麼不一樣？

也許你在這之前就有聽過或作過其他「人格分析測驗」如DISC、MBTI、九型人格等等，而我對於這些測驗的想法是：在能力許可範圍之內，這類有助於你了解自己的工具其實是多多益善，你能多了解自己一分，就更能把自己放在對的位置上。

對我而言，「天賦原動力」跟其他測驗的最大差別，就是它並不只是讓你「了解自己」，也不是就很絕對地告訴你說你屬於哪個類型的人，所以你擅長什麼、不擅長什麼、該做什麼、不該做什麼；

事實上可以這麼說：「天賦原動力」測驗是一套宗旨與使命是協助人們在事業/工作上能常常進入「順流狀態」的、非常博大精深的哲學(在你未來了解之後一定也會這樣覺得)，而「測驗」是當中一個能協助你了解自己、定位自己，進而為你量身打造最適合的順流路徑的工具。

所以一般來說，我都會建議我的學員與諮詢的客戶們一定要作測驗。測驗時間通常最多只要20-25分鐘，完成測驗之後就可以馬上收到測驗報告；在這份報告裡頭有很多資訊，包括：

- ✔ 你屬於「天賦原動力」8種類別的哪一種以及完整說明
- ✔ 你的四種本質能量%比例以及圖表
- ✔ 你與生俱來的強項、成功之道、適合在團隊中扮演的角色、工作上最適合的項目；以及反過來的，你天生的弱項、挫折成因、不適合扮演的角色、以及在工作上較不適合的項目。
- ✔ 你所屬類別的順流策略，只要照著策略去作就能進入「順流」狀態
- ✔ ……等等

了解這些資訊，可以為你帶來的好處有：

- ✔ 協助你了解自己的成功方程式
- ✔ 能讓人清楚看見自己與他人、自己與團隊的整體績效
- ✔ 能讓你清楚自己與團隊的發展狀況之間的連結
- ✔ 透過讓每個人進入「順流」狀態的方式，讓團隊乃至於整個企業都進入順流之中

還有很多...很多……

這是讓我覺得可以很傳神的詮釋行為特質的一份報告，過去做很多 DISC 或者是貓頭鷹、熊貓等動物類型的分析，但這些分析，都沒有這順流致富系統的分析來的那麼的全面性及完整詮釋。尤其是針對行為定義！ 這份報告最重要的不是只是看自己的行為是內傾型、或思維是屬於感官！最重要的是，報告中對於此類面相的人，在創造順流的過程中提供『策略』以及『思維邏輯』，同時給予相對應的完整定義，更能完整解讀對於工作、對於生活、對於各個面向所抱持的價值觀！這是一份很精準的分析！！

陳彥維(積蓄者)
台北

在之前我們推廣「天賦原動力」的時候，發現到有不少朋友在做完測驗之後，雖然知道報告當中有很多很重要的資訊，但是因為太忙沒時間的關係，沒能自己去把這些寶貴訊息跟工作生活連結起來。

我每次聽到這樣的事情，都會有一個感覺：「好可惜」。因為如果都已經投資了金錢跟時間做了測驗，卻沒有進一步把「天賦原動力」帶來的可能性發揮出來，從你的工作開始讓自己多進入「順流狀態」，進而把處在順流狀態能帶來的正面能量擴大到人生的其他領域(關係、健康...等等)，那真的是非常可惜的一件事。

在之前我們推廣「天賦原動力」的時候，發現到有不少朋友在做完測驗之後，雖然知道報告當中有很多很重要的資訊，但是因為太忙沒時間的關係，沒能自己去把這些寶貴訊息跟工作生活連結起來。

我每次聽到這樣的事情，都會有一個感覺：「好可惜」。因為如果都已經投資了金錢跟時間做了測驗，卻沒有進一步把「天賦原動力」帶來的可能性發揮出來，從你的工作開始讓自己多進入「順流狀態」，進而把處在順流狀態能帶來的正面能量擴大到人生的其他領域(關係、健康...等等)，那真的是非常可惜的一件事。

也因為這樣，後來我先生才特別飛去英國受訓，取得了天賦原動力的Master Trainer資格，回台灣之後訓練了一批諮詢師，讓想要在工作上有所調整、找到自己的順流路徑的朋友們，在「靠自己讀懂測驗報告&釐清後續該做怎樣的調整」之外，也可以選擇透過諮詢師們的協助，來加速這個過程。

所以，如果你已經受夠了行屍走肉的「活死人」狀態，那麼我可以協助你......

透過驗證有效的諮詢流程
找到熱情、天賦與收入之間的甜蜜點！

在你參加這個方案之後，我首先會把「天賦原動力」的測驗代碼與測驗網址寄送給你，並跟你約定1對1諮詢的時間，在諮詢溝通的過程中，我將會：

- ✔ 透過一個有效的程序，幫你再度確認你的最低阻力路徑究竟是8條中的哪一條。(因為測驗的目的不是幫你貼上「你就是OOO」的標籤，所以會再多確認一下老天給你的禮物到底是哪些:-D)
- ✔ 為你解析測驗結果，讓你深入了解你所屬類別的意義(包括本質能量、強項/弱項、適合/不適合的事務...等等)，並協助你連結過去的成功/失敗經驗來驗證這些事情。
- ✔ 依據你目前的挑戰，協助你釐清後續的行動方向(例如：要如何提高你的「順流」程度、如何創造更多價值以吸引財富與機會、如何協助團隊進入順流狀態...等等)。
- ✔ 回答你對自己測驗結果的相關問題。

...等等。

"如何預約諮詢呢？"

要預約諮詢的方式非常簡單，你只要按下「我要預約諮詢」按鈕，然後依照網頁中的說明1.完成付款 2.填寫報名表單，就可以完成預約諮詢的程序了。

在收到你的資訊之後，我們公司的同仁就會開始處理後續的行政程序，在2個工作天內把「天賦原動力」的測驗代碼寄送給你，並與你聯繫安排進行1對1諮詢的時間。

關於費用部分，單純購買「天賦原動力」測驗的價格是NT$2,500，而我的一次諮詢費用是1個小時NT$5,000，所以總價是**NT$7,500**。

不過，由於前陣子我自己許下一個願望是今年希望能透過1對1諮詢的方式，協助100位朋友找到他們熱情、天賦以及收入之間的「甜蜜點」，在工作上進入順流狀態，進而連帶提升整個人生……

所以，如果你現在決定預約諮詢，就可以享有特惠價格：「天賦原動力」測驗加上我的1對1諮詢現在只要：

~~NT$7500~~

NT$4,980

我要預約諮詢

現在就按這裡前往預約諮詢

不只如此，如果你是透過這個網頁預約諮詢的前20位朋友，額外再多贈送你……

前面有提到我現在正在進行透過1對1諮詢協助100人的計畫，雖然目前已進行了一段時間，也已經服務過不少朋友們。

不過，由於這個網頁剛開張，為了感謝先採取行動的你，如果你是透過這個頁面預約諮詢的前20位朋友，那除了「天賦原動力」測驗以及1對1的諮詢之外，我還會額外再贈送你一本我的著作「啟動夢想吸引力」。

你會想要在後續6-12個月內，創造出比過去6-12年更多更大的成就嗎？

我在這本書裡，就提供了來自觀察數百位白手起家成功者後總結出來的7個啟動這種「成功奇象」的驅動力量，只要你了解這7大趨力並且照著去作，就也一樣可以讓「成功奇象」發生在你身上。

不只如此，在書裡面我還提供了包含「吸引力法則」在內的11個被遺忘的宇宙法則，透過這些內容，你對於「如何善用宇宙法則來協助自己有更成功的人生」這個主題將會有更全面的了解

(No～要實現願望、獲得理想的人生並不是只要懂吸引力法則就夠了。)

當然，如果你想要的話，也可以指定要親筆簽名版 :-D

我要預約諮詢

現在就按這裡前往預約諮詢

Love,

P.S.：別再逼自己忍受行屍走肉像「活死人」一般的日子，現在就把握機會預約我的1對1諮詢，越早採取行動，就能越早找到你熱情、天賦與收入之間的「甜蜜點」，常常進入你的「順流」狀態，讓每天的工作都跟在玩樂一樣有fu～～:-)

銷售文案範例Ⅳ

《磁力文案》銷售文案寫作班

你能寫出像你現在正在看的這種文案嗎？

如果你的答案是「Yes！」，那麼恭喜你，你這輩子都不會需要煩惱收入的問題；因為「賺錢」對你來說，會是非常容易的事......

「真的假的？」

看到上面這段文字，你心裡可能正浮現這樣的小聲音。

以我親身的經驗，我可以跟你說：這是真的！

Hi, 我是許耀仁 Paxton。

打從 2002 年起，因為會寫這種文案，已經為我帶來不少好處，例如：

✔ 我在 2002 年剛開始學網路行銷與文案寫作時，為當時經營的直銷事業撰寫的文案，幫助我前前後後產生了數千位組織夥伴，也讓我過了好幾年一週工作三四小時每個禮拜就有兩三萬收入的爽日子。

我為自譯自印的《失落的世紀致富經典》寫的文案，後來成為出版社

願意跟我簽版稅約的原因之一(封面封底的大部分文字都來自於我的文案)，而《失落的致富經典》這本書已為我帶來超過 7 位數的收入。

✔ **我為我的《財富金鑰系統》24 週自修課程撰寫的文案，在完成後就 24 小時全年無休幫我為點進去看的人介紹課程，也已經為我帶來超過 7 位數的收入，而且還在持續為我帶來被動收入之中。**

✔ 我為我的《人生零阻力》課程寫的文案與建構的網站，已經協助我把「瑟多納釋放法 Sedona Method」推廣給超過二百位學員，後來還讓我能順利地出版《零阻力的黃金人生》這本書，正式成為作家身分。

✔ **去年 3 月份，我運用同樣的方式，在短時間之內就把一個靈光一閃的 idea 轉換成 NT$100,000 以上的收入，而且到現在都還持續不斷在為我產生收入當中。**

✔ 我為我的《零阻力行銷工作坊》寫的銷售頁以及 email 文案，在 72 小時內就幫我創造了 NT$400,990 的收入。

✔ **我曾只 send 了一封 email，就在 48 小時內帶來了 NT$84,240 的收入；而幾天之後我又寫了一篇文案，又在 72 小時內幫我產生 NT$105,990 的收入。**

擁有這個能力，讓我現在能跟另一半一起住在夢想的房子裡，過著每天能自由安排自己的時間、做自己想做的事的生活……

每當我想要或需要多賺點錢時，我就會去創造或找到一些個值得推廣的產品或服務，然後幫它寫一篇文案，再把文案透過 email、網站或其他方式公布出去。然後，我就只要準備好收單，服務那些主動跟我說他想要我提供的東西的人就好了。

懂得怎麼寫這種文案，讓我不管想推廣什麼產品 / 服務，都能：

- **不必花大錢打廣告**
- **不必想盡辦法克服心理障礙，勉強自己去做銷售**
- **不必到處跑業務**
- **不必介紹產品 / 服務介紹半天最後還是常常被拒絕**
- **也不必一天到晚重複回答同樣的問題**

也因為我的這種特異功能，這些年來，三不五時會有人問我這個問題：

「像這種文案是怎麼寫的？」

每次被這樣問時，我都很想回答說：「寫長文案啊 ~~ 太簡單了，因為我是個文案天才，所以我每次都只要坐下來、打開電腦，批哩啪啦就能生出一篇篇能自動賺錢的文案了。」

要是能這樣講的話，應該會挺過癮的……

只可惜，那並不是事實。

事實是，我寫文案時有依循一套固定的觀念、流程、架構與技巧——一套完整的「系統」。只要你懂得這套系統，再搭配適當的練習，你也一樣可以寫出像這樣的文案。

想像一下……

不管你想要推廣的是什麼產品或服務，現在都請閉上眼睛，想像一下

如果你也能：

✔ 用一張紙、一支筆或一台電腦，就能創造出一個永遠不喊累、不要求加薪、24 小時全年無休在幫你推廣你的產品或服務的 Super Sales 部隊

✔ 讓客戶自己來找你，而不再是你追著客戶跑

✔ 大幅減少花在開發與跟進客戶上的時間

✔ 讓你只需要跟對你的產品 / 服務有興趣、甚至早就已經決定要買你的東西的人談話，從此不再需要推銷或說服

你覺得對你的事業會有多大的幫助？

在以往，因為第一、很少人會寫這樣的文案，第二、更少人願意也有能力教這種文案怎麼寫。

所以，你連要實際看到這種文案都很難得，更別說要有機會學習如何寫這種文案了。

不過現在，你也有機會可以為自己培養這個用文字做銷售的能力，因為我將在 5/28(六)~5/29(日) 舉辦一場……

《磁力文案》銷售文案寫作班！

在這兩天的 《磁力文案》銷售文案寫作班中，我會毫不保留地教你如何寫出像我這種文案。

我會跟你分享我在向 Dan Kennedy、Gary Halbert、John Carlton、Michael Masterson 等當代美國直效行銷文案大師學習他們的行銷文案寫作哲學與技巧之後，歸納出他們的教導的精華，再整合我自己九年來學習與實際撰寫這種文案的實務經驗，而產生的一套銷售文案寫作系統。

我不僅會為你一一解說當中的心法與作法，還會帶領你實際進行各種實作練習，讓你不只是知道、感覺很棒而已，還能真正悟到當中的奧妙之處。

長文案寫作的秘密完全揭露！

你屆時會聽到的內容將包括：

- ✔ **為任何產品 / 服務撰寫文案之前，必須考慮的三大要素**
- ✔ 如何做到讓你的讀者覺得你的文案是專為他而寫的
- ✔ **還沒完成之前，絕對不能開始動手寫文案的基本準備動作**
- ✔ 經過驗證絕對能讓你的理想客戶買單的長文案五大結構
- ✔ **如何讓你的目標讀者看你的文案第一眼時就被吸住**
- ✔ 如何激起讀者的興趣 / 好奇心，讓他一路讀下去
- ✔ **如何介紹你的產品 / 服務而不會讓讀者覺得你要賣他東西而產生抗拒**
- ✔ 讓人無法說「不」的廣告訊息包含哪些特點、以及如何塑造出這樣的訊息
- ✔ **想在短時間創造大量客戶，就不可不知的兩個公式**
- ✔ 如何讓讀者迫不及待想要取得你的產品或服務
- ✔ **能加快你文案寫作速度的五大秘訣**
- ✔ 能大幅提高文案效果的 9 大情緒因子

如何有效解除讀者的疑慮，使他願意立刻做決定

……還有很多、很多……

然而…

其實寫文案就像練武功一樣，如果內力修為不夠，招式再怎麼漂亮也都只是花拳繡腿而已。

學會寫長文案時的流程、架構與技巧之後，你就算懂得武功套路了，這時你已經可以寫出些看起來不錯的東西，但是如果不知道當中的內功心法，那不管你怎麼練，寫出來的東西都只能唬唬人而已。

這也是為什麼雖然有很多人都是用觀摩我的文案的方式，來學習怎麼寫這種文案，但寫出來的東西卻老是不到位的最大原因。

因為除了技術，你還得要懂心法才行，不懂這些心法，你寫出來的文案永遠都會少了這麼點味道、差了那麼臨門的一腳。

所以，在課程中除了長文案寫作的架構、流程與技巧之外，我還會告訴你很多「心法」，例如：

為什麼你的讀者並不在乎你的產品 / 服務有多好，以及他會在乎的是什麼？

為什麼越是引經據典、妙筆生花的文案效果越差、以及該怎麼寫才有效？

為什麼你越想保持神秘，讓有興趣的人來聯絡你，他們就越不會這麼做，以及要怎樣做才對？

為什麼溫良恭儉讓反而會讓讀者讀不下去，以及要怎樣寫才能吸引人？

為什麼就算你作文從來沒拿過高分，也能寫出超讚的文案，甚至有時你文筆越不好，其實就越“好”？

- 為什麼銷售文案並不是寫得「落落長」就是好，以及到底要寫多長才能達到最高的轉換率？

- **為什麼有很多文案你才看兩三行就想關掉，而我的文案會讓人一路看到底，甚至還會印出來一看再看，以及你要如何也能做到一樣的事？**

還有很多…很多……

光是聽完這些內容，你寫出來的任何東西就會立刻開始與眾不同。

想想看，在現在市場上一堆 Me Too、看起來都差不多的行銷資訊中，「與眾不同」代表什麼？

代表會有更多人願意看看你提供的東西，當然也就代表會有更多人選擇你提供的產品 / 服務了。

不只如此，上課時我還會給你一套 Step by Step 的文案寫作操作手冊，結業之後，不管你要寫任何東西的文案，都只要依照學到的觀念與心法，一個個回答操作手冊裡的問題，最後再把你寫下的東西剪下貼上到同一個檔案裡，再稍加修飾就能產生一篇強效文案！

而且，你所學到的觀念與技巧，不只是能用來寫長文案而已。在學會了之後不管你是想要：

- 寫書 (我自己在決定要出《零阻力的黃金人生》這本書時，就是運用這些行銷概念，所以只對一家出版社提案就順利通過。)

- 提案

- 設計網站

- 製作宣傳小冊、傳單 DM 或任何行銷工具

- 做好經營部落格、Email 行銷等網路行銷動作

- 製作產品目錄…等等

都可以運用同樣的觀念、程序、流程、技巧，而我保證，你做出來的東西一定總是能讓人看到時眼睛為之一亮，並不由自主地說：「Wow!」

"在課程間完成的文案，上線後產生六位數的成果！"

"我曾想說不要花錢，試著模仿他的文案來寫，發現雖然有些效果但不是很突出…今年我終於撥出時間跟預算來上《零阻力行銷》這堂課。

我在這三天課程中把一個很重要的客戶的文案完成，在一個月後上線，獲得六位數字的成績……

…. 如果你有心從事網路行銷或任何行銷的工作，第一不要怕沒時間、第二不要懶，要把「文案」做好，文案是行銷的靈魂，只要掌握文案就能掌握整個行銷工作的本質。

許耀仁老師教的文案是一種非常細緻的、可以 (幫助你) 掌握到整個文案的精髓…"

- 江秉翰 Cookie

課後文案作品：http://pberich.wangpaihong.com/

" HOW MUCH ? "

現在，你可能在想這個課程不知道要收費多少。

如你在上面看到的，我已經藉由運用這些觀念與技巧，讓自己在能自由安排自己的時間、能做自己想做的事的狀況下，賺進了好幾個七位數，而我相信如果我可以，你也一定可以有一樣的成績 (甚至更好)。

而在我說明課程的費用之前，我想先問你一個問題：

「你會願意投資多少，來取得一個未來一輩子都可以用、能讓你享受時間自由、又可能讓你賺進好幾個七位數的功夫？」

如果你的答案是：「越便宜越好，最好免費」，那我建議你一個好地方：「圖書館」；那裡有很多免費的行銷資訊等著你去發掘 (我是認真的)。

而如果你是屬於只要東西有價值，你就會願意付出合理代價來交換的人的話，讓我跟你分享一下我過去的投資：

這是我之前拍下來的課程疊疊樂照片，光是這小堆課程 (還不包括從 Amazon 買的一堆原文書) 就花了我新台幣二十萬以上 (p.s. 這是三四年前的舊照片，到現在投資的我自己都不敢算了)…

那麼，我前前後後花了幾十萬買了這堆貴死人不償命的課程回來，然後我就從此打通寫文案的任督二脈，過著幸福快樂的日子嗎？

並 · 沒 · 有

為什麼？並不是這些課程寫得不好或老師講得不對，而是…中文跟英文不一樣就是不一樣！很多在英文裡面套上去就可以用的「公式」，套在中文裡怎麼看就是怎麼怪。

這也是我從 2002 年開始學長文案寫作，卻一直到 2009 年才敢第一次開文案班的原因之一……

因為一直到那時，我才敢說自己對寫這種行銷文案已經上手，且有了

夠深入的心得。

所以，如果你想要自修當然也可以，我自己就是靠自修學會銷售文案寫作的。

不過，我會良心提醒一件事：要先有心理準備，你接下來會需要花很多、很多時間與力氣，想辦法消化吸收你學到的規則、原理與架構，然後再花很多、很多時間與力氣，想辦法把這些東西套用到中文之中。

我經歷過，我知道，會挺辛苦的。

現在，你不用像我一樣花這麼多錢跟時間心力，只要投資**NT$32,000**，就能學會一套已經經過消化整理、能創造好幾個7位數的收入、而且接下來一輩子都可以繼續用下去的工具…

說真的，我還真希望當年就有人提供這種機會給我啊。

> **"學到可以創造百倍獲利的祕密！"**
>
> *- 吳東融*
>
> *GET成功易開罐創辦人*

不僅如此，如果你願意現在就行動，馬上投資自己的腦袋的話，還可以再享受一個…

超級優惠方案！

只要你是搶先完成報名這一期課程的前**12**名學員，就可以享受免費再多獲得兩項贈禮、以及一個更優惠的價格，這兩項贈禮是：

FREE BONUS 1

"零阻力行銷菁英俱樂部"金級會籍12個月

FREE BONUS 1

只要你報名參加這一期《磁力文案》銷售文案寫作班，就可免費獲得「零阻力行銷菁英俱樂部」的金級會員身分 12 個月；作為金級會員，你能享受到的好處有：

1. **擁有參加《零阻力行銷》Mastermind 聚會的資格**
2. **可不定期收到由我製作提供的關於網路文案、直效文案寫作的最新資訊與案例**
3. **複訓《磁力文案》銷售文案寫作班課程只需支付場地工本**
4. **報名零阻力教育企業其他課程或購買相關商品可享 95 折優惠**
5. **……規劃中…將陸續推出更多會員福利。**

價值 NT$14,400

零阻力文案診斷券 x2

FREE BONUS 2

你會希望自己的文案能發揮更大的效果嗎？你會想要更快速地掌握寫文案的各種細部「眉角」嗎？

只要立刻報名《磁力文案》銷售文案寫作班，你就能免費獲得「零阻力行銷文案診斷券」兩張；你可以憑券將你後續完成的文案或任何行銷工具寄送給我，我會親自為你診斷你的文案或行銷材料可加強的部份，並提出修改建議，不僅能讓你更快擁有能讓你輕鬆賺錢的文案，還能讓你的文案功力在短時間之內更上好幾層樓！

價值 NT$6,400

"學到可以創造百倍獲利的祕密！"

課程從頭到尾，我只有一個感覺：「太強了，這樣也行！」「太棒了，我也可以是一個可以馬上寫出搶手文案的行銷寫手。」「原來文案要這樣寫才會吸引人！」耀仁老師從頭到尾每一個步驟都指導的非常清楚，讓我能馬上上手，再加上老師過去的經驗及對事物的敏感度，以及創意的發想，立即的練習，可以輕而易舉的現學現賣，現在我可以很自豪的說我是一個專業文案寫手，我可以做到，相信你也可以！保證不虛此行。

- ISIS

愛希斯香巴拉聖境主持人

光是這兩樣超值贈禮就價值 NT$20,400，如果再加上課程原價 NT$32,000，總 total 的價值就是 **NT$52,400**，但如果你是報名這期課程的前 **12** 名學員，那麼除了可以擁有上面的兩樣贈品之外，還能享有……

~~**NT$52,400**~~

~~**NT$32,000**~~

NT$28,800 的超值價格!

喔還有，因為文案診斷是蠻勞心費力的工作，而我這人閒雲野鶴習慣了 (看我之前開課的頻率有多低就知道了)，一般來說，我是不太接這類工作的，所以，真的建議你要好好把握這個只有學員才能享受的福利。

上課日期：2012 年 1 月 07 日 (六)~08 日 (日)

上課時間：9:30~17:30

上課地點：中國文化大學教育推廣部

100% 滿意保證！

還在考慮？

Hmm…我想也許是因為你還是會擔心「如果花了錢但聽到的東西不夠好，那怎麼辦…」吧？

由於我非常肯定我在《磁力文案》行銷文案寫作班中傳遞的資訊，一定會讓你大開眼界，我教授的各種技巧，也絕對會讓你聽了之後覺得值回票價，而且如果你有認真學、認真用，一定很快就可以把學費賺很多、很多倍回來，所以為了幫助你做個決定給你自己一個機會來學到這套技術，

我決定再提供一個瘋狂的保證：

上完第一天課程，如果你因為任何因素不滿意，我就把你繳交的費用100% 全額退給你，不會跟你囉嗦任何事。

為免口說無憑，我用寫的：

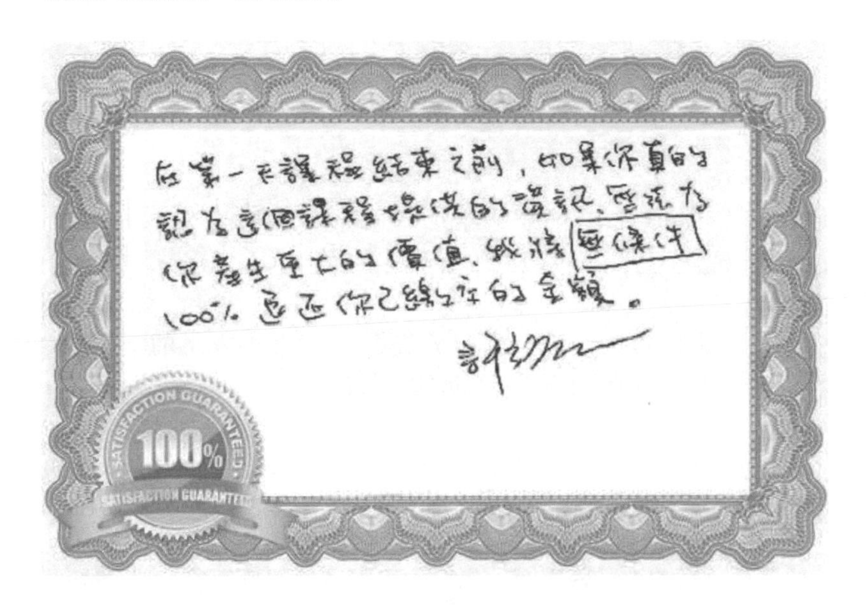

這表示什麼？表示……

報名參加這個課程，你沒有任何風險！

立刻報名

立刻報名

"光是前三個小時的內容就值回票價！"

"我在課程結束的 24 小時之內，就完成了一篇覺得寫得還不錯的長文案，也立即讓它上線了……. 這個課程教的觀念還有工具面都是直接可以實作的東西。

……實際用了這個系統，能幫助讓我的工作流程減輕、實際上也能看到效果；才用了課程裡的 20%，就已經讓我覺得 (工作) 可以更輕易……"

- Amanda

課後文案作品之一 之二

如果你還在猶豫不決，那麼讓我提供一段我多年前翻譯的、Dan Kennedy 大師所寫的一段話，作為最後的結語：

『關於「致富」、「過更有錢的生活」這件事…. 幾乎每個人都只是嘴上講講、心裡想想而已。

他們的確很想要這些東西，想要的程度高到讓他們會對那 些擁有這些東西的人心懷怨恨，但想要的程度卻又不足以讓他們去認真「研究」到底如何才能得到。

下一次如果有人跟你哀嚎說他想要更多錢、更大的房子或在抱怨 健保費、油價又要漲之類的事情，你就問他…「《思考致富聖經》你讀過幾次？」，問他家裡有沒有滿是關於賺錢、財富的書籍。我可以保證，就像 Jim Rohn 常說的一樣：他們家裡會有一台大大的電視，但是卻只有小小的書架。

每個人身邊都有很多可以讓他學習「如何成功」的對象。幾乎每個家庭裡都會有一個在賺錢這部份表現最好的人，每個銷售團隊都有業績最好的一個，每個產業或專業都有最厲害的人。所以，有兩個訣竅：

第一：不要認為成功人士做的任何一件事情與他的成功無關。你要假設他的成功就是你所能觀察到、他所做的每一件事情所帶來的結果。

第二：丟掉那些羨慕、嫉妒、不認同等信念系統，開始仿效成功人士所做的每一件事情。去「研究」他們。

Earl Nightingale 曾說的：我們會成為我們最常想的那個樣子，其實這樣說更貼切：「我們會成為我們最常研究的那個樣子」』

…

……

……….

那你呢？

你打算何時跳脫「嘴上講講、心裡想想」的階段，開始「研究」這一門對你未來的成功有關鍵性影響的技術？

立刻報名

立刻報名

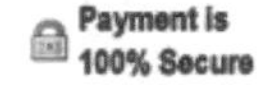

P.S. 這是我最後一次舉辦《磁力文案》工作坊囉，未來如果要上這個課，將只能透過看錄影或聽錄音來學習了，所以請千萬別錯過這最後一次的《磁力文案》工作坊囉！

P.S.S. 為了達到最好的學習效果，工作坊以小班制教學為原則，名額有限請儘速報名。

銷售文案範例V

咪幾 & 胖寶

喵，我是"咪幾"。

其實我本來叫Aniki，但是後來耀仁把拔覺得我太中性，就說應該「n」要改成「m」比較符合我的個性，後來叫著叫著就從Aniki變成Amiki，後來也不知道為什麼就變成"咪幾"了>_<。

糟糕，我跳tone，胖寶哥在瞪我了，趕快回主題 XD

上禮拜啊，耀仁拔跟莉莉馬麻為了慶祝成立了公司，run了一波的《財富金鑰系統》的優惠專案，不知道你有沒有參一咖呢？

如果沒有的話，實在好可惜喔，因為耀仁把拔跟莉莉馬麻提供的這些課程真的很厲害喔。

雖然我跟胖寶哥每天只負責吃好睡飽，但我們兩貓可是一路跟在旁邊看著各種奇蹟發生在把拔馬麻身上，也跟著他們從6坪的小工作室搬到20多坪的公寓，又搬到現在住的百坪透天厝......

所以我們可都是把拔馬麻在提供的這些課程的見證~~人~~貓喔！

到底是要不要
講重點啊你

糟糕，我又跳tone，胖寶哥又在瞪我了，趕快再回主題 XD

是這樣的，九月九號的那一波《財富金鑰系統》的優惠專案結束之後，胖寶哥預告說這禮拜還會有別的課程的優惠方案，然後因為胖寶哥比較酷不喜歡講話，所以叫我來宣布這一波的方案是什麼這樣。

麼這樣。

你知道耀仁把拔有一個兩天一夜的課程叫《人生零阻力》嗎？

跟我們一樣搞不清楚的話可以按這裡看介紹喔。

耀仁把拔說這個課程是在教一個叫瑟多納釋放法的東西，可以幫助大家釋放掉內在的"無用能量"，然後啊就可以比較快樂，願望也可以更容易實現什麼的......

我是聽不太懂啦，不過我覺得胖寶哥好像需要去上A，他脾氣不太好說...

總之呢，接下來這一波的特惠方案要推出的就是《人生零阻力》課程啦！

原本這個課程的定價是NT$~~12,000~~，現在為了慶祝【零阻力教育企業】在民國99年9月9日正式成立，推出「9999特惠方案」，只要NT$9,999！

然後呢，報名課程的一樣會有一套《財富金鑰系統》24週自修課程喔！

耀仁把拔在講課時常會說，《財富金鑰系統》跟Sedona Method是超級好搭檔，透過《財富金鑰系統》可以讓你由心智層面去得到關於無形世界的認知；透過釋放法可以幫助你真正去經歷跟體悟那些觀念與知識(看小抄ing)......

雖然我還是不太懂，不過聽起來就很威的樣子XD

反正不管怎樣，就是現在開始到下禮拜二(9/21)晚上24:00，《人生零阻力》兩天一夜課程加上《財富金鑰系統》24週自修課程，總共只要

NT$9,999！

還不只這樣喔！

你知道前陣子出《秘密》的那個阿姨有出一本新書嗎？

新書就叫做《The Power》力量。

然後啊，你知道這本書的中文版會是由誰翻譯嗎？就是我們的莉莉馬麻喔～～

因為中文書要等到明年才會上市，為了讓有興趣的叔叔阿姨們能提早知道那個「力量」到底是什麼，莉莉馬麻決定要在10/24下午舉辦一場...

「Love Power！—《The Power》搶鮮導讀會」

莉莉馬麻會在這個活動裡把The Power這本書裡講的重點一一跟大家詳細講解喔。

而為了讓這個「《人生零阻力》課程9999特惠方案」更好康，莉莉馬麻說，只要是報名這個方案的人，她都再額外加送價值NT$1,200的「Love Power!—《The Power》搶先導讀會」活動的入場券，而且不是只送一張而已，是兩張喔！

讓咪幾我再來總結一下：

只要在9/21(二)24:00之前報名《人生零阻力》兩天一夜課程，就可以：

- 享受9999特惠方案優惠價 NT$9,999
- 獲得《財富金鑰系統》24週自修課程x1
- 獲得「Love Power!—《The Power》搶鮮導讀會」入場券x2

這樣有沒有很好康啊～～

有覺得很好康的話，動作就要像我肚子餓又聽到耀仁把拔敲罐頭的時候一樣迅速囉～

按這裡報名

好囉，報告完畢，那我要繼續去睡囉～

咪幾 🐾

p.s. 要記得優惠時間只到9/21 24:00為止喔 zzZ

你願不願意放手讓它離開？

你什麼時候要放手讓它離開？

這一刻，你有什麼感受？ 在這一刻，

你有沒有能力放手讓它離開？

你願不願意放手讓它離開？

讓你的文案轉換率倍增的
強效銷售頁檢核表

只要打開你電腦的瀏覽器並輸入下面的網址，或者用你的手機或平板電腦掃描QR Code，就可以免費下載「強效銷售頁檢核表」。

這份檢核表中列出了頂尖文案高手們在撰寫銷售文案，以及後續在製作銷售頁時，都會特別注意的87個重點；在你寫完銷售文案之後，只要依照檢核表一項項檢視你的銷售文案，確保你的銷售頁有做到這87個項目……

恭喜你！這表示你已經完成一個高轉換率的銷售頁面！

現在，只要把你的銷售頁發佈出去、讓你的理想客戶群們看到，就能啟動你的這位Super Sales，讓他開始24小時全年無休幫你把產品/服務賣出去、把$$收回來。

現在就立刻前往下載：
http://mcw.linzuli.com/checklist

我們改寫了書的定義

創辦人暨名譽董事長　王擎天
總經理暨總編輯　歐綾纖　　　印製者　家佑印刷公司
出版總監　王寶玲

法人股東　華鴻創投、華利創投、和通國際、利通創投、創意創投、中國電視、中租迪和、仁寶電腦、台北富邦銀行、台灣工業銀行、國寶人壽、東元電機、凌陽科技(創投)、力麗集團、東捷資訊

◆台灣出版事業群　新北市中和區中山路2段366巷10號10樓
TEL：02-2248-7896
FAX：02-2248-7758

◆北京出版事業群　北京市東城區東直門東中街40號元嘉國際公寓A座820
TEL：86-10-64172733
FAX：86-10-64173011

◆北美出版事業群　4th Floor Harbour Centre P.O.Box613
GT George Town, Grand Cayman,
Cayman Island

◆倉儲及物流中心　新北市中和區中山路2段366巷10號3樓
TEL：02-8245-8786
FAX：02-8245-8718

國家圖書館出版品預行編目資料

用寫的就能賣：你也會寫打動人心的超強銷售文案 / 許耀仁 著. -- 初版. -- 新北市：創見文化, 2014.12
面；公分 (優智庫；54)

ISBN 978-986-271-545-1 (平裝)

1.銷售　2.廣告文案

496.5　103018382

用寫的就能賣

你也會寫打動人心的**超強銷售文案**

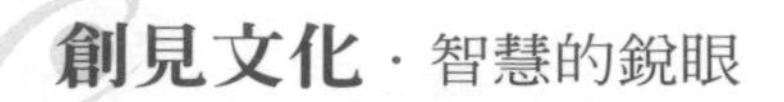

本書採減碳印製流程
並使用優質中性紙
（Acid & Alkali Free）
最符環保需求。

用寫的就能賣

你也會寫打動人心的超強銷售文案

作　　者◤許耀仁
總 編 輯◤歐綾纖
文字編輯◤馬加玲
美術設計◤蔡瑪麗

郵撥帳號◤50017206 采舍國際有限公司（郵撥購買，請另付一成郵資）
台灣出版中心◤新北市中和區中山路2段366巷10號10樓
電　　話◤（02）2248-7896　　　　傳　　真◤（02）2248-7758
I S B N◤978-986-271-545-1
出版日期◤2014年12月

全球華文市場總代理◤采舍國際有限公司
地　　址◤新北市中和區中山路2段366巷10號3樓
電　　話◤（02）8245-8786　　　　傳　　真◤（02）8245-8718

新絲路網路書店
地　　址◤新北市中和區中山路2段366巷10號10樓
電　　話◤（02）8245-9896
網　　址◤www.silkbook.com

創見文化 facebook https://www.facebook.com/successbooks

本書於兩岸之行銷（營銷）活動悉由采舍國際公司圖書行銷部規畫執行。